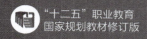

"十二五"职业教育
国家规划教材修订版

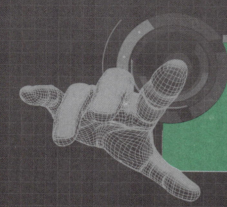

Office 2016
高级应用案例教程
（第3版）

主　编　陈遵德　　张全中
副主编　张洪川　　陈　佳

高等教育出版社·北京

内容提要

本书为"十二五"职业教育国家规划教材修订版。

随着办公自动化在企事业单位中的普及，Microsoft Office 的应用越来越广泛。本书针对有 Microsoft Office 基础（高起点）的学习者，精选典型的 Microsoft Office 高级应用案例，以任务为导向，通过工作过程介绍 Word 2016、Excel 2016 和 PowerPoint 2016 等软件的高级知识与高级应用。书中通过详尽的讲述，深入浅出地介绍了 Microsoft Office 2016 的高级功能。本书的每个案例都来自实际应用领域，通过这些案例的学习，使读者可以快速掌握 Microsoft Office 2016 所提供的一系列易于使用的高级工具，制作出满足需要的、具有专业水准的作品。本书内容丰富，读者可根据需要进行学习。

本书配套建设微课视频、教学设计、教学课件 PPT、案例素材、习题及习题参考答案等数字化学习资源。与本书配套的数字课程在"智慧职教"平台（www.icve.com.cn）上线，学习者可以登录平台进行在线学习，授课教师可以调用本课程构建符合本校本班教学特色的 SPOC 课程，详见"智慧职教"服务指南。读者可登录网站进行资源的学习及获取，也可发邮件至编辑邮箱 1548103297@qq.com 获取相关资源。

本书案例丰富、结构合理、图文并茂、步骤清晰，可作为高等职业学校 Microsoft Office 高级应用课程的教学用书，也可作为全国计算机等级考试二级 MS Office 高级应用与设计考试、成人继续教育、办公自动化高级培训的教材或自学用书。

图书在版编目（ＣＩＰ）数据

Office 2016 高级应用案例教程 / 陈遵德，张全中主编. --3 版. --北京：高等教育出版社，2022.1

ISBN 978-7-04-056958-2

Ⅰ. ①O… Ⅱ. ①陈… ②张… Ⅲ. ①办公自动化-应用软件-高等职业教育-教材 Ⅳ. ①TP317.1

中国版本图书馆 CIP 数据核字（2021）第 181908 号

Office 2016 Gaoji Yingyong Anli Jiaocheng

| 策划编辑 | 吴鸣飞 | 责任编辑 | 吴鸣飞 | 封面设计 | 杨伟露 | 版式设计 | 于 婕 |
| 插图绘制 | 杨伟露 | 责任校对 | 高 歌 | 责任印制 | 朱 琦 | | |

出版发行	高等教育出版社	网　　址	http://www.hep.edu.cn
社　　址	北京市西城区德外大街 4 号		http://www.hep.com.cn
邮政编码	100120	网上订购	http://www.hepmall.com.cn
印　　刷	三河市华骏印务包装有限公司		http://www.hepmall.com
开　　本	787 mm × 1092 mm　1/16		http://www.hepmall.cn
印　　张	14.25	版　　次	2010 年 2 月第 1 版
字　　数	350 千字		2022 年 1 月第 3 版
购书热线	010-58581118	印　　次	2022 年 1 月第 1 次印刷
咨询电话	400-810-0598	定　　价	42.80 元

本书如有缺页、倒页、脱页等质量问题，请到所购图书销售部门联系调换

"智慧职教" 服务指南

"智慧职教"是由高等教育出版社建设和运营的职业教育数字教学资源共建共享平台和在线课程教学服务平台，包括职业教育数字化学习中心平台（www.icve.com.cn）、职教云平台（zjy2.icve.com.cn）和云课堂智慧职教 App。用户在以下任一平台注册账号，均可登录并使用各个平台。

● **职业教育数字化学习中心平台（www.icve.com.cn）：为学习者提供本教材配套课程及资源的浏览服务。**

登录中心平台，在首页搜索框中搜索"Office 2016 高级应用案例教程"，找到对应作者主持的课程，加入课程参加学习，即可浏览课程资源。

● **职教云（zjy2.icve.com.cn）：帮助任课教师对本教材配套课程进行引用、修改，再发布为个性化课程（SPOC）。**

1. 登录职教云，在首页单击"申请教材配套课程服务"按钮，在弹出的申请页面填写相关真实信息，申请开通教材配套课程的调用权限。

2. 开通权限后，单击"新增课程"按钮，根据提示设置要构建的个性化课程的基本信息。

3. 进入个性化课程编辑页面，在"课程设计"中"导入"教材配套课程，并根据教学需要进行修改，再发布为个性化课程。

● **云课堂智慧职教 App：帮助任课教师和学生基于新构建的个性化课程开展线上线下混合式、智能化教与学。**

1. 在安卓或苹果应用市场，搜索"云课堂智慧职教"App，下载安装。

2. 登录 App，任课教师指导学生加入个性化课程，并利用 App 提供的各类功能，开展课前、课中、课后的教学互动，构建智慧课堂。

"智慧职教"使用帮助及常见问题解答请访问 help.icve.com.cn。

出 版 说 明

教材是教学过程的重要载体，加强教材建设是深化职业教育教学改革的有效途径，推进人才培养模式改革的重要条件，也是推动中高职协调发展的基础性工程，对促进现代职业教育体系建设，切实提高职业教育人才培养质量具有十分重要的作用。

为了认真贯彻《教育部关于"十二五"职业教育教材建设的若干意见》（教职成〔2012〕9号），2012年12月，教育部职业教育与成人教育司启动了"十二五"职业教育国家规划教材（高等职业教育部分）的选题立项工作。作为全国最大的职业教育教材出版基地，我社按照"统筹规划，优化结构，锤炼精品，鼓励创新"的原则，完成了立项选题的论证遴选与申报工作。在教育部职业教育与成人教育司随后组织的选题评审中，由我社申报的1338种选题被确定为"十二五"职业教育国家规划教材立项选题。现在，这批选题相继完成了编写工作，并由全国职业教育教材审定委员会审定通过后，陆续出版。

这批规划教材中，部分为修订版，其前身多为普通高等教育"十一五"国家级规划教材（高职高专）或普通高等教育"十五"国家级规划教材（高职高专），在高等职业教育教学改革进程中不断吐故纳新，在长期的教学实践中接受检验并修改完善，是"锤炼精品"的基础与传承创新的硕果；部分为新编教材，反映了近年来高职院校教学内容与课程体系改革的成果，并对接新的职业标准和新的产业需求，反映新知识、新技术、新工艺和新方法，具有鲜明的时代特色和职教特色。无论是修订版，还是新编版，我社都将发挥自身在数字化教学资源建设方面的优势，为规划教材开发配备数字化教学资源，实现教材的一体化服务。

这批规划教材立项之时，也是国家职业教育专业教学资源库建设项目及国家精品资源共享课建设项目深入开展之际，而专业、课程、教材之间的紧密联系，无疑为融通教改项目、整合优质资源、打造精品力作奠定了基础。我社作为国家专业教学资源库平台建设和资源运营机构及国家精品开放课程项目组织实施单位，将建设成果以系列教材的形式成功申报立项，并在审定通过后陆续推出。这两个系列的规划教材，具有作者队伍强大、教改基础深厚、示范效应显著、配套资源丰富、纸质教材与在线资源一体化设计的鲜明特点，将是职业教育信息化条件下，扩展教学手段和范围，推动教学方式方法变革的重要媒介与典型代表。

教学改革无止境，精品教材永追求。我社将在今后一到两年内，集中优势力量，全力以赴，出版好、推广好这批规划教材，力促优质教材进校园、精品资源进课堂，从而更好地服务于高等职业教育教学改革，更好地服务于现代职教体系建设，更好地服务于青年成才。

高等教育出版社

前　言

随着办公自动化应用的普及，Microsoft Office 的使用越来越广泛。目前，高职学生学完"计算机应用基础"课程后，只是学会了 Office 的部分基本功能，还不能满足对 Microsoft Office 技能要求较高岗位的需要，因此我们于 2010 年和 2014 年先后组织编写出版了《Office 2007 高级应用案例教程》和《Office 2010 高级应用案例教程》。该书在高等教育出版社出版以来，深受读者欢迎。为了更好地适应高职教育的发展和 Office 版本升级的需要，根据《全国计算机等级考试二级 MS Office 高级应用与设计考试大纲（2021 年版）》的要求，重新编写了一本与时俱进的 Office 高级应用方面的教程，具有重要的社会价值和现实意义。

本书具有如下特点：

1. 融入"课程思政"：挖掘"课程思政"元素，选取具有育人作用的素材作为案例素材，让学生在学习 Office 高级技能的同时受到熏陶。

2. 编写方式新颖：在编写方式上，由传统的、教条式的"菜单"方式编写改为生动实用的案例方式编写。从案例入手，将 Office 高级应用的知识点恰当地融入案例的分析和制作过程，有利于提高学生的学习兴趣和改进教学效果。

3. 内容选择科学：选择实用但"计算机应用基础"课程未重点介绍或未涉及的内容作为本书主要内容，实现与"计算机应用基础"课程内容的无缝衔接，最大限度地避免与"计算机应用基础"课程内容的重复或脱节。

4. 案例编写实用：书中案例均取自实际工作中的高级应用实例。每个教学案例都包括案例任务和完成案例的详细步骤，同时穿插介绍操作技巧、要点、重点及知识点。本书同时提供与教学案例相关联的实训案例，作为巩固练习之用。

5. 工作任务导向：本书精选典型 Microsoft Office 高级应用案例，以工作任务为导向，通过实现过程介绍 Word 2016、Excel 2016 和 PowerPoint 2016 等软件的高级知识与高级应用。

6. 中高职有机衔接：本书已用作计算机类专业中高职衔接（3+2）班的"Office 高级应用"课程的教材，基本实现了中高职 Office 教学重点、课程内容、能力结构以及评价标准的有机衔接。尤其适合那些已获全国计算机一级考试证书（或类似水平）的学生使用，以提高 Office 软件的综合应用能力。

7. 实现"课证融合"：本书根据《全国计算机等级考试二级 MS Office 高级应用与设计考试大纲》要求编写，满足使用者考级需求，实现"课证融合"。

8. 配套资源丰富：本书注重数字化配套建设，开发微课支持线上辅助教学，配有方便教学的基本配套资源，包括教学课件 PPT、案例素材、域代码、习题及习题参考答案等，免费提供给教师使用。有需要的教师，请发邮件至编辑信箱 1548103297@qq.com 索取。

本书是国家骨干高职院校和全国双高计划学校建设成果之一。全体作者都长期从事计算机课程的教学，跟踪计算机新技术的发展，积累了丰富的实际教学经验，出版过多部专著和教材。为了进一步提高本书的质量，他们经过多次讨论、集思广益、分工合作，最终编撰成书。具体分工：陈遵德负责全书的编写和改版方案的策划、制订及全书的统稿、定稿；张全中协助并负责编写第 1 篇的第 3 章和第 2 篇；张洪川负责编写第 1 篇的第 1、2、4、5 章和第 3 篇；陈佳负责编写第 4 篇；宋承东、尤国基和陈育武等老师也参与了本书的编写工作。

本书可作为高等职业学校 Microsoft Office 高级应用课程的教学用书，也可作为全国计算机等级考试二级 MS Office 高级应用与设计考试、成人继续教育、办公自动化高级培训的教材或自学用书。

在本书的编写过程中，得到了顺德职业技术学院领导和相关部门的大力支持，在此致以衷心的感谢。

因编者水平有限，书中不妥之处在所难免，恳请同行和读者指正。

编 者
2021 年 8 月

目　　录

第 1 篇　　Word 2016 高级应用

第 1 章　编辑联合发文的公文 …… 3
1.1　任务描述 …… 3
1.2　任务实施 …… 4
　　1.2.1　编辑论坛通知文件 …… 4
　　1.2.2　制作发文单位图章 …… 13
1.3　相关知识 …… 14
本章小结 …… 18
习题 1 …… 18

第 2 章　编制"客户资料卡" …… 19
2.1　任务描述 …… 19
2.2　任务实施 …… 20
　　2.2.1　编制"客户资料卡"表格 …… 20
　　2.2.2　创建"客户资料卡"表格
　　　　　 窗体 …… 23
　　2.2.3　设置窗体保护 …… 28
本章小结 …… 30
习题 2 …… 30

第 3 章　论文排版 …… 32
3.1　任务描述 …… 32
3.2　任务实施 …… 35
　　3.2.1　论文撰写流程 …… 35
　　3.2.2　工作环境设置 …… 36
　　3.2.3　页面设置 …… 37
　　3.2.4　样式 …… 37
　　3.2.5　多级编号 …… 43
　　3.2.6　目录 …… 45
　　3.2.7　页眉和页脚 …… 49

　　3.2.8　题注 …… 54
　　3.2.9　公式及自动编号 …… 58
　　3.2.10　脚注和尾注 …… 62
　　3.2.11　其他 …… 62
本章小结 …… 64
习题 3 …… 64

第 4 章　制作电子报 …… 65
4.1　任务描述 …… 65
4.2　任务实施 …… 67
　　4.2.1　规划和设计版面 …… 67
　　4.2.2　编排各版面内容 …… 71
　　4.2.3　优化电子报的效果 …… 72
　　4.2.4　制作导读栏 …… 75
本章小结 …… 76
习题 4 …… 77

第 5 章　批量制作含照片胸卡 …… 78
5.1　任务描述 …… 78
5.2　任务实施 …… 78
　　5.2.1　准备照片素材 …… 78
　　5.2.2　建立胸卡数据源 …… 79
　　5.2.3　建立胸卡主文档 …… 79
　　5.2.4　建立胸卡主文档与胸卡数据
　　　　　 源的链接 …… 80
　　5.2.5　插入合并域和嵌套域 …… 80
　　5.2.6　编辑收件人 …… 81
　　5.2.7　合并记录到新文档 …… 82
本章小结 …… 83
习题 5 …… 83

I

第2篇 Excel 2016 高级应用

第6章 工资管理 87

6.1 任务描述 87

6.2 任务实施 87

6.2.1 输入基础资料 87

6.2.2 输入当月工资信息 88

6.2.3 计算当月工资 89

本章小结 102

习题6 102

第7章 进销存管理 103

7.1 任务描述 103

7.2 任务实施 103

7.2.1 输入基础资料 103

7.2.2 输入进货和销售数据 106

7.2.3 库存管理 109

7.2.4 销售单打印 117

7.2.5 营业统计 129

7.2.6 销售分析 130

本章小结 133

习题7 133

第8章 BOM计算 134

8.1 任务描述 134

8.2 任务实施 134

8.2.1 输入材料清单 134

8.2.2 输入BOM表 135

8.2.3 输入生产计划 135

8.2.4 计算生产所需材料 135

本章小结 138

习题8 138

第9章 问卷调查 139

9.1 任务描述 139

9.2 任务实施 139

9.2.1 设计调查问卷 139

9.2.2 获取问卷数据 143

9.2.3 制作统计表 144

9.2.4 制作图表 144

本章小结 148

习题9 148

第10章 贷款计算 149

10.1 任务描述 149

10.2 任务实施 149

10.2.1 贷款计算 149

10.2.2 贷款测算 154

本章小结 157

习题10 157

第3篇 PowerPoint 2016 高级应用

第11章 电子相册 161

11.1 任务描述 161

11.2 任务实施 162

本章小结 168

习题11 169

第12章 诗词欣赏 170

12.1 任务描述 170

12.2 任务实施 171

本章小结 177

习题12 177

第13章 企业产品宣传 178

13.1 任务描述 178

13.2 任务实施 179

13.3 相关知识 187

本章小结 ┄┄┄┄┄┄┄┄┄┄┄┄┄┄┄ 190

习题 13 ┄┄┄┄┄┄┄┄┄┄┄┄┄┄┄ 190

第 4 篇　Microsoft Office 2016 综合应用

第 14 章　Microsoft Office 2016
综合应用案例 ┄┄┄┄┄┄┄ 195

14.1　使用 Excel 创建"产品销售
管理"图表 ┄┄┄┄┄┄┄┄┄ 195
14.1.1　任务描述 ┄┄┄┄┄┄┄┄ 195
14.1.2　任务实施 ┄┄┄┄┄┄┄┄ 195

14.2　使用 Word 创建"产品销售
管理"报告 ┄┄┄┄┄┄┄┄┄ 199
14.2.1　任务描述 ┄┄┄┄┄┄┄┄ 199
14.2.2　任务实施 ┄┄┄┄┄┄┄┄ 201

14.3　使用 PowerPoint 创建
"产品销售管理"演示文稿 ┄┄┄ 204

14.3.1　任务描述 ┄┄┄┄┄┄┄┄ 204
14.3.2　任务实施 ┄┄┄┄┄┄┄┄ 205

14.4　相关知识 ┄┄┄┄┄┄┄┄┄ 205
14.4.1　Word 与 Excel 之间的
资源共享和相互调用 ┄┄┄ 206
14.4.2　Word 与 PowerPoint 之间
的资源共享和相互调用 ┄┄ 209
14.4.3　Excel 与 PowerPoint 之间
的资源共享和相互调用 ┄┄ 213

本章小结 ┄┄┄┄┄┄┄┄┄┄┄┄┄┄┄ 214

习题 14 ┄┄┄┄┄┄┄┄┄┄┄┄┄┄┄ 214

参考文献 ┄┄┄ 215

第 1 篇　Word 2016 高级应用

微软公司推出的 Microsoft Office 2016，以其崭新、美观、易用的操作界面，强大的功能，方便的文档格式设置工具，对过去版本良好的兼容性，而得到广泛应用。本篇将以 Microsoft Office 2016 的组件 Word 2016 为蓝本，选取经典案例，介绍如何使用 Word 2016 快速、有效地解决实际工作中的一些高级综合应用性问题。使读者在完成案例操作的过程中，加深对 Word 2016 及其强大功能的理解，迅速成为 Word 2016 应用高手。

第 1 章

编辑联合发文的公文

公文（即"红头"文件）是国家行政机关、企事业单位、各种团体组织日常行政管理中使用最多的应用文之一，常用于制订、颁布、贯彻执行法律、命令、规章制度，布置、检查、总结、报告工作，开展各种公务活动等，是一种行文要求很严格、版面要求很高的应用文。国家针对公文制定了专门的国家标准——《国家行政机关公文格式》（GB/T 9704—2012）（以下简称 GB），国家各级行政机关，包括各企事业单位，印发公文必须按照此标准执行，不能随便编印。

公文有上行文、下行文、平行文和单一发文、多单位联合发文等多种格式。联合发文的"红头"编排较复杂。本章主要介绍编辑符合 GB 格式的页面版式、联合发文的"红头"以及制作图章。

1.1 任务描述 ▽

以政府部门与企业联合召开"加强环境保护，促进绿色发展论坛"为例，编辑召开此论坛的通知文件。

这里的任务仅仅是如何编排符合 GB 格式要求的标准公文。实际办文要严格遵守有关办文程序，从起草到审核修改、会签、签发……最后分发，每个过程都要登记存档，谁主管谁负责，谁经手谁签字，非常严格。为便于学习和操作，该任务可分解为两个子任务。

1. 编辑论坛通知文件

编辑联合召开论坛的通知文件，重点介绍页面版式和联合发文的"红头"（即文件标识）的制作。编排完的样文打印预览效果（含公章）如图 1-1 所示。

2. 制作发文单位图章

本书所指单位图章即为单位印章，或称为单位公章。按图章的形式来分，过去通常使用物理图章，随着现代信息技术和网络技术的迅速发展，近几年出现了电子图章。无论是制作和使用物理图章还是电子图章，首先必须遵守国家的有关法律法规（如《国务院关于国家行政机关和企业事业单位社会团体印章管理的规定》国发〔1999〕25 号、《中华人民共和国电子签名法》《公安部印章管理办法》）和单位的规章制度。私自制作公章或擅自乱用单位公章都是违法行为，应承担法律责任。

本任务是结合案例通过制作发文单位图章（即公章），学习 Word 的图形处理（绘图）和编辑艺术字的综合应用技巧。目前，公安部门指定制作图章的定点单位或个人实际上是使用专门的图章制作软件。在此声明：本案例的发文单位是虚构的，制作的发文单位的电子图章不具有法律效力。图章的效果如图 1-1 所示。

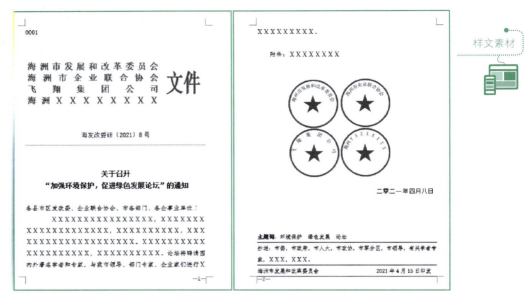

样文素材

图 1-1　GB 标准联合发文样文

1.2　任务实施 ▽

1.2.1　编辑论坛通知文件

联合召开论坛的通知文件属于多单位联合发文的下行文或平行文，应按照 GB 相应的格式要求进行编排。其主要操作步骤如下：

1.　进行有关参数计算和页面设置

（1）分析和熟悉 GB 标准公文版式要求

GB 标准公文版式 A4 型公文用纸页边及版心尺寸要求如图 1-2 所示。

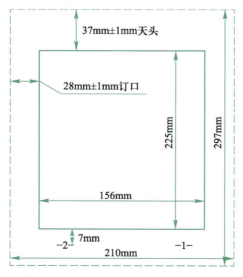

图 1-2　A4 型公文用纸页边及版心尺寸

根据 GB 公文格式和图 1-2，对标准公文版式要求的类型、项目和参数进行整理，如表 1-1 所示。

表 1-1　GB 标准公文版式要求

类型	项目		参数
页面	纸张	类型	A4
		尺寸	210mm×297mm
	天头（上白边，上边距）		37mm±1mm
	订口（左白边，左边距）		28mm±1mm
	版心尺寸（不含页码）		156mm×225mm
	页码	格式	—1—
		页码字体	4 号、半角、白体、阿拉伯数字
		一字线字体	4 号
		一字线距版心	7mm
正文	字体		3 号仿宋体
	每页行数		22 行
	每行字数		28 个汉字

（2）计算并设置右边距和下边距，精确控制版心尺寸

GB 中只规定了版心尺寸，没有直接规定"翻口"（右边距）和"地角"（下边距）的尺寸，而 Word 不能直接设置版心尺寸，只能设置"页边距"，可根据图 1-2 和表 1-1 计算右边距和下边距尺寸如下：

翻口（右边距）=210-156-28=26（mm）
地角（下边距）=297-225-37=35（mm）

设置以上页边距，即可精确控制版心尺寸。

（3）推导 Word 中文字号、磅与毫米的换算关系（公式）

在 GB 中，很多格式参数的计量单位都是毫米（mm），而 Word 格式中字的单位有"中文字号"和"磅"两种，单位不一致，需要进行单位换算才能准确设置格式参数。

根据"1 in（英寸）=25.4 mm"和"1 point（磅）=1/72 in（英寸）"这两个基本单位关系，推导出磅与毫米的换算关系为式（1-1）和式（1-2）。

$$1 \text{ point}=1/72(\text{in/point})\times25.4(\text{mm/in})\approx0.3528 \text{ mm} \qquad (1\text{-}1)$$

$$1 \text{ mm}=72(\text{point/in})\div25.4(\text{mm/in})\approx2.8346 \text{ point} \qquad (1\text{-}2)$$

（4）计算 Word 中文字号、磅与毫米的对应值

建立表 1-2，根据式（1-1），可在第 4 列中计算对应字号的毫米值。此表数据可供所有文档的字号设置使用。

表 1-2　Word 中文字号、磅和毫米之间的对应值

中文字号	磅值字号	示　　例	计算字大小/（mm）
八号	5	国	1.76
七号	5.5	国	1.94
小六	6.5	国	2.29
六号	7.5	国	2.65
小五	9	国	3.18
五号	10.5	国	3.70
小四	12	国	4.23
四号	14	国	4.94
小三	15	国	5.29
三号	16	国	5.64
小二	18	国	6.35
二号	22	国	7.76
小一	24	国	8.47
一号	26	国	9.17
小初	36	国	12.70
初号	42	国	14.82

注：磅值字号的范围为 1～1638，0.5 磅为一个级差，可以任意输入有效磅数。

（5）计算页脚尺寸，精确控制页码位置

在 Word 中，页码的纵向位置是由页脚的尺寸确定的。根据上述数据，计算符合 GB 页码位置的最大页脚尺寸。最大页脚尺寸=下边距 - 页码一字线距版心距离 - 1/2 四号字高=35 - 7 - 4.94 ÷ 2 = 25.53（mm），可取值 25.5 mm。

（6）完成文档页面相关设置

设置页边距、纸张、页脚和文档网格、字体，插入页码。

（7）将页面设置保存为模板

保存文件名为"GB 标准公文页面设置（模板）.dotx"，供编辑标准公文使用。

微课 1-1
制作 GB 标准
公文页面设置
模板

2. 编制版头内容格式

在 GB 中将组成公文的各要素划分为"版头""主体"和"版记"三部分。公文首页的红色分割线以上的部分称为版头;公文首页的红色分隔线(不含)以下、公文末页首条分隔线(不含)以上的部分称为主体;公文首页的红色分隔线以下、末条分割线以上的部分称为版记。

(1)熟悉 GB 标准公文眉首要求

GB 标准公文眉首要求如表 1-3 所示。

表 1-3　GB 标准公文版头要求

版头要素	项　　目	参　　数
发文机关标志	发文机关名称	发文机关全称或规范化简称
	文字上边缘至版心上边缘	35 mm
	字体	小标宋体,红色,以醒目、美观及庄重为原则
	对齐	居中
发文字号	发文机关代字	(行政区+机关+事由)代字
	年份	阿拉伯数字,全称,六角括号"〔〕"括入
	序号	阿拉伯数字,不编虚位,不加"第"字
	位置	标识下空两行,居中
分割线	位置	距发文字号下边缘 4 mm(合 11.3 磅)
	尺寸	与版心等宽,即 156 mm(1.5 磅),红色
公文份数序号	位置	版心左上角第 1 行,顶格
	字符	阿拉伯数字

(2)用表格对"公文份数序号"等元素定位

在版心第 1 行第 1 列位置插入一个 3 行 2 列的用于文字定位的表格,设置表格宽度为 156mm,表格居中,取消单元格内边距和表格线。前两行用于标注"公文份数序号""机密"和"级别"等元素。

(3)精确计算"发文机关标志"的字号和缩放比

GB 标准中没有具体规定发文机关标志的字号,只要求其以醒目、美观及庄重为原则进行设置。建议单一发文的发文机关标识文字的字号最大为 62 磅,字数多则缩放。"文件"两字无论是单一发文还是联合发文,都可以设字号最大为 62 磅,并参照缩放比范围设置合适的缩放比。

在 Word 中字符的缩放是字高不变、字宽可变,缩放比计算如式(1-3)。

$$字符缩放比=字宽÷字高×100\% \hspace{3cm} (1-3)$$

根据式(1-3)可计算发文机关标志文字的最大缩放比=15÷22×100%=68.18%≈68.2%,即缩放范围在 68.2%~100%。

(4)编排"发文机关标志"

单一发文,其"发文机关标志"只有一行字,按照最大字号 62 磅,缩放范围在 68.2%~100%即可。

联合发文,由于发文单位多,"发文机关标志"编排较为复杂。如果逐行进行编排,既费时又费力。比较高效的方法有表格法、文本框法、艺术字法和 EQ 域法。下面重点介绍用表格法和 EQ 域法编排"发文机关标志",文本框法和艺术字法将通过习题学习。

用表格快速编排"发文机关标志"的步骤如下。

① 在页面第 4 行第 1 列位置插入一个 4 行 2 列的表格。

② 设置表格宽度等于版心宽度 156 mm,居中。

③ 合并第 2 列的 4 行单元格。

④ 输入文字内容:将素材文本文件中的单位名称复制到表格第 1 列的 4 个单元格中,在第 2 列单元格中输入"文件"两字。

⑤ 设置"文件"两字为黑体(或者宋体、加粗)、字号 62 磅、缩放 69%、红色,中部居中。往右调整第 2 条表格竖线。

⑥ 设置单位名称文字为标宋加粗、红色,单击"增大字号"按钮 **A**,使文字最多的第 1 行的字符达到最大而不换行。

⑦ 设置第 1 列字符为分散对齐。

⑧ 将表格线设为无。

完成后的效果如图 1-3 所示。

用 EQ 域快速编排"发文机关标志"的步骤如下。

为了更好地使用和理解 EQ 域,建议先阅读 1.3 节。

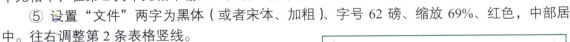

微课 1-2
制作标准公文
版头内容

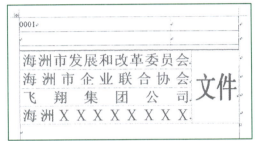

图 1-3 用表格制作联合公文头效果

① 在页面第 4 行第 1 列位置插入 EQ 域代码,单击"插入"选项卡中"文本"组中的"文档部件"按钮,在弹出菜单中选择"域"命令(为便于叙述,以上操作在本书中简写为:选择"插入"→"文本"→"文档部件"→"域"命令),打开"域"对话框,如图 1-4 所示。在"域"对话框的"域名"列表框中选择"Eq"域,单击"域代码"按钮(单击后变为"隐藏代码"按钮),单击"选项"按钮,打开"域选项"对话框,如图 1-5 所示。选择开关"\A()",单击"添加到域"按钮,单击"确定"按钮,返回"域"对话框,单击"确定"按钮。插入的 EQ 域代码如图 1-6 所示。

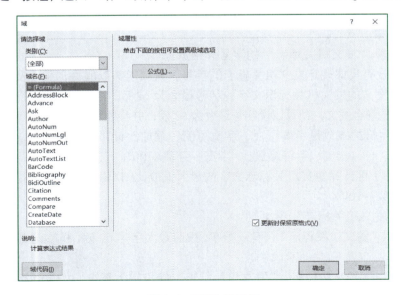

图 1-4 "域"对话框

图 1-5 "域选项"对话框

图 1-6 EQ 域代码

或者按 Ctrl+F9 组合键插入域标志，在其中输入域名 EQ，然后输入 1 个半角空格，再输入半角字符的域开关\A()。

② 输入域的内容。在 EQ 域开关"\A()"的圆括号内输入生成矩阵的发文单位名称，每个名称之间用半角逗号分隔。在域之后（即右花括号外）输入"文件"两字，设置"文件"两字为 62 磅，缩放 69%，字体红色。设置单位名称文字字体为标宋加粗、红色，设置字号为 28 磅。如图 1-7 所示。

③ 按 F9 键更新域，显示域结果，如图 1-8 所示。

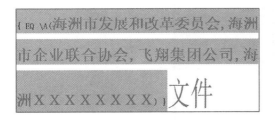

图 1-7 EQ 域代码内容

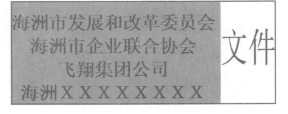

图 1-8 发文机关标识 EQ 域结果（初始）

④ 设置发文机关名称的分散对齐。域中矩阵文字的分散对齐不能使用"开始"→"段落"→"分散对齐"命令。正确方法为：单击域，按 Shift+F9 组合键切换域代码，或者右击域，在快捷菜单中单击"切换域代码"命令，然后对所有字数较少的行分别设置字符间距，使之与最多字符的一行分散（两端）对齐。

下面介绍字间距计算方法。

为便于计算，汉字大小建议使用磅值。标识中单位名称的字体和字号都必须一致，一般最多字符的一行的文字不设字符间距，可推导出某行的中文字符间距的简化计算公式，即式（1-4）。

9

$$J_i = \frac{(N_j - N_i) \times B \times S}{2 \times (N_i - 1)}$$

（1-4）

式中：

N_j——基准行（最多字的行）的中文字符个数。

N_i——其他第 i 行的中文字符个数。

B——字号磅值。

S——字符缩放比。

J_i——第 i 行的中文字符间距。

用式（1-4）计算第 2、3、4 行单位名称的字符间距分别为 2.75 磅、11.00 磅和 1.22 磅，设置字符间距后的效果如图 1-9 所示。

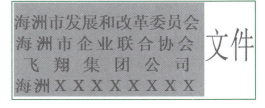

图 1-9　用 EQ 域制作联合发文头效果

（5）编制"发文字号"

按照 GB 或表 1-3 的参数，直接输入厾中的"海发改委研（2021）8 号"即可。

（6）制作精确定位的反线

制作精确定位的反线常用绘制直线法和边框线法，这里使用边框线法。

GB 规定分隔线距"发文字号"下边缘 4 mm，而 Word 中设置边框线位置的默认尺寸单位是磅，可由公式计算并输入 11.3 磅或 11 磅，如图 1-10。也可直接输入"4 毫米"（但不能输入"4 mm"，否则会提示"度量单位无效"），确定后 Word 会自动转换为 11 磅。操作方法是：选择"开始"→"段落"→"边框和底纹 🔲 ▼"命令，打开"边框和底纹"对话框，如图 1-10 所示，按图中所示进行设置。然后单击"选项"按钮，在打开的"边框和底纹选项"对话框中设置"距正文间距"，如图 1-11 所示。

图 1-10　"边框和底纹"对话框

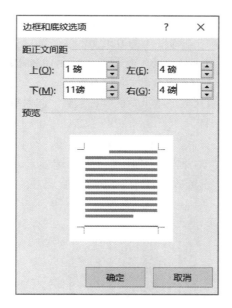

图 1-11　确定分隔线（下框线）的位置

3. 编制主体内容格式

主体要素包括公文标题、主送机关、公文正文、附件、成文日期、公文生效标识（即公章）以及附注 7 部分内容，具体要求详见 GB。这部分排版与一般的非 GB 的文档排版相似，比较容易，这里就不给出参数表了。读者若要整理排版参数表，可参照前面的表格自己完成。公章的制作将在后面专门介绍。主体排版的效果见图 1-1 所示的样文。

微课 1-3
制作公文主体
内容

4. 精确定位版记各要素

（1）版记要素

版记要素包括主题词、抄送机关、印发机关和印发日期、版记中的分隔线。

（2）版记的位置

版记位于公文最后一页，版记的最后一个要素位于最后一行。

（3）输入版记要素文字内容

在公文最后一页的最后（底部）4 行输入版记要素的相关文字内容。

微课 1-4
精确定位版记
各要素

（4）设置版记文字内容的字体和段落格式

按 GB 要求设置版记文字内容的字体和段落格式。

（5）制作精确定位的版记中的分隔线

版记中的分隔线要求与版心等宽，首条分割线和末条分隔线用粗线（宽度为 0.35 mm），中间的分割线用细线（宽度为 0.25 mm）。首条分隔线位于版记中第一个要素之上，末条分隔线与公文最后一面的版心下边缘重合。要达到这一要求，不能使用边框线法，因为版记内容设置了段落缩进，用边框线法设置的分隔线也会缩进，不与版心等宽，要用绘制直线法实现。步骤如下。

① 绘制直线。选择"插入"→"插图"→"形状"→"直线"命令，在版记"主题词"下方绘制一条水平线，自动生成对象锁定标记 ↓；右击直线，在弹出快捷菜单中选择"其他布局选项"命令，在打开的"布局"对话框中设置"大小"选项卡的"高"为 0 cm、"宽"为 15.6 cm

（即版心宽）；继续右击直线，在快捷菜单中选择"设置形状格式"命令，在打开的"设置形状格式"对话框中设置直线的线条 "宽度"为 0.35 mm。

② 复制直线。选中直线，用 Ctrl+鼠标拖动法，复制两条直线至下面两个版记要素之下，设置中间直线的线条宽度为 0.25 mm。

③ 计算 3 条反线的精确位置尺寸。根据页面网格尺寸，以对象锁定标记 ↓ 为基点，计算 3 条反线的位置尺寸分别为：225÷22×1=10.2（mm），225÷22×3=30.7（mm），225÷22×4=40.9（mm）。

④ 设置 3 条反线的精确位置尺寸。右击第 1 条直线，在弹出的快捷菜单中，选择"其他布局选项"命令，打开"布局"对话框。选择"位置"选项卡，设置第 1 条直线的位置尺寸，如图 1-12 所示。重复此操作，设置其他两条直线的位置尺寸。

图 1-12　第 1 条直线位置尺寸设置

版记编排完成效果如图 1-13 所示。

图 1-13　完成设置的版记效果

完成排版后保存文件，并另存为模板"GB 标准联合发文（下行文）模板.dotx"。

1.2.2　制作发文单位图章

按照国家有关规定，对不同级别或不同类别单位的印章，其规格要求（尺寸大小）是不同的。本案例按企事业单位和公司的公章规格制作。具体操作步骤如下：

1. 绘制一个基准图章

（1）绘制圆

绘制直径为 4.2 cm，线型宽度为 0.12 cm，线条颜色为红色，无填充颜色的圆，如图 1-14（a）所示。

（2）编制艺术字

插入艺术字"海洲市发展和改革委员会"，采用宋体、16 磅，文本填充颜色为红色和文本轮廓为无，无阴影，浮在文字上面，文本效果为上弯弧，调节艺术字的大小使文字约占 3/4 圆弧（有部门名的要小一些，约 3/5），如图 1-14（b）所示。

（3）绘制五角星

绘制五角星图形，填充和轮廓颜色为红色，调整大小使直径等于 1.4 cm，如图 1-14（c）。

（4）对象对齐

选择"开始"→"编辑"→"选择"→"选择对象"命令，按 Ctrl 键，使用鼠标左键单击对象：圆、艺术字、五角星，选择"布局"→"排列"→"对齐"→"对齐所选对象"命令。

（5）组合图形

选择"开始"→"编辑"→"选择"→"选择对象"命令，按 Ctrl 键，使用鼠标左键单击对象，右击，在快捷菜单中选择"组合"→"组合"命令，将其组合为一个整体，如图 1-14（d）。

图 1-14　图章制作过程

2. 复制和修改基准图章

操作步骤如下。

① 复制、粘贴 3 个基准图章。

② 取消复制图章的组合。

③ 修改图章的单位名称。此操作会自动取消原来的设置，回到初始状态。

④ 重新设置艺术字大小及间距。此操作有可能要反复多次才能达到满意效果。

⑤ 重新对齐和组合单个图章。

3. 将图章移至目标位置

操作步骤如下。

① 将全部图章拖至目标位置。将全部图章拖至 GB 要求的目标位置，并保证图章间距不大

于 3 mm，且不相交、不相切。

② 全部图章均匀分布、精确对齐。同一行的"上下居中"，同一列的"左右居中"。或通过设置起始位置进行精确定位。

③ 全部图章组合成整体并对齐，效果见图 1-1。

1.3 相关知识 ▼

一提到 Word 中的域，可能很多人都会觉得有些陌生和深奥难懂。其实，在一些 Word 的操作中已经不知不觉地使用了它，如通过 Word 命令插入的页码、日期、公式、给汉字加的拼音、邮件合并中插入的数据库域等。

正确地使用 Word 的域，可以在 Word 中实现很多复杂的自动录入、计算、引用，大大减少日常工作量，并降低错误概率。

本节介绍一些域的基础知识，域的实际应用将在以后的案例中介绍。

为了能清晰地看到文档中的域，以及能随时在域代码和域结果之间切换，先进行如下两项设置：取消显示域代码和始终显示域底纹。具体操作方法是：选择"文件"→"选项"命令，打开"Word 选项"对话框。选择"高级"选项，在"显示文档内容"中取消勾选"显示域代码而非域值"复选框，在"域底纹"下拉列表框中选择"始终显示"选项，单击"确定"按钮，如图 1-15 所示。

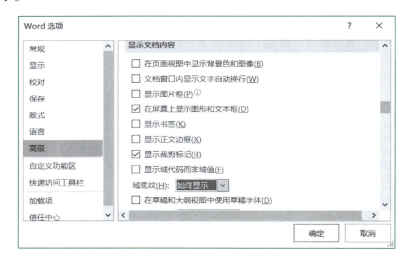

图 1-15　Word 选项——域显示设置

1. 域的构成

域是指 Microsoft Word 在文档中嵌入的自动插入文字、图形、页码和其他资料的一组特殊代码，根据设定的条件而产生相应的结果。域是 Word 中的一项很重要、很实用的功能。

Word 中的域由域标志、域名、域开关和其他相关的元素组成。

例如，在空行插入日期，选择"插入"→"文本"→"日期和时间"命令，打开"日期和时间"对话框，如图 1-16 所示。在其中选择格式并勾选"自动更新"复选框，单击"确定"按钮。

插入的自动更新日期显示为：2021 年 4 月 18 日星期日，右击插入的日期，在快捷菜单中选择"切换域代码"命令，如图 1-17 所示，插入的日期和时间及域代码如图 1-18 所示。

图 1-16 "日期和时间"对话框   图 1-17 右键快捷菜单

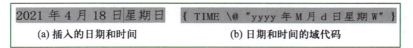

图 1-18 插入的日期和时间及域代码

使用命令插入域代码：选择"插入"→"文本"→"文档部件"→"域"命令，打开"域"对话框。选择域名 Date，选择日期格式，勾选"更新时保留原格式"复选框，如图 1-19 所示，单击"确定"按钮，插入的 Date 日期域如图 1-20（a）所示。右击插入的日期域，在快捷菜单中单击"切换域代码"命令，Date 日期域的域代码如图 1-20（b）所示。

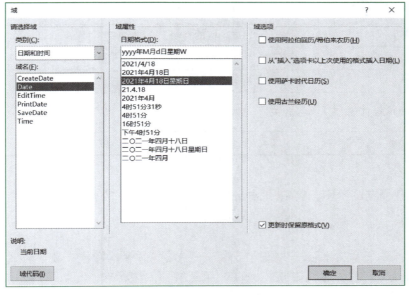

图 1-19 "域"对话框

15

2021 年 4 月 18 日星期日　{ DATE　\@ "dddd, MMMM dd, yyyy"　* MERGEFORMAT }

(a) 插入日期域Date　　　　　(b) 日期域Date的域代码(更新时保留原格式)

图 1-20　插入 Date 日期域及域代码

2. 域的组成元素与语法含义

以日期域 Date 的域代码来说明域的组成元素与语法含义，如图 1-21 所示和表 1-4 所示。

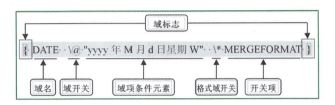

图 1-21　域的构成图

表 1-4　域的组成元素与语法含义

项目（元素）	名称	语法含义
{ · · }	域标志	选择"插入"→"文本"→"文档部件"→"域"命令，或者按 Ctrl+F9 组合键，由程序自动生成的两侧各有一个半角空格的一对花括号。具有逻辑性，可嵌套使用。但不能手工从键盘直接输入花括号"{ }"
DATE 　\@ "yyyy 年 M 月 d 日星期 W" 　* MERGEFORMAT	域代码	位于域标志中的文本。由域名和域开关组成，不区分大小写，必须用半角空格分隔。通常把域标志和域代码一起统称为域代码。可使用 Shift+F9 组合键在域结果与域代码间切换。英文引号内的文本可使用全角字符，其他都使用半角字符。域代码文本不论多长都不得强制换行
2021 年 4 月 18 日星期日	域结果	域代码转换产生的值。可使用 Shift+F9 组合键在域结果与域代码间切换
DATE	域名	域的合法、有效名称
\@	域开关	指定域结果的显示方式，与域名间至少有一个半角空格
*	格式域开关	为域结果设定特定格式
MERGEFORMAT	开关项	在"域"对话框中勾选"更新时保留原格式"复选框后会有此项
▧	域底纹	以底纹方式突出显示域，域底纹不会被打印

3. 域的分类

根据域的作用范围不同，Word 把域分成 9 大类，如图 1-22 所示，共 74 个域。

4. 域操作

（1）插入域

选择"插入"→"文本"→"文档部件"→"域"命令，打开"域"对话框，选择有关域和选项，输入域代码。也可在按 Ctrl+F9 组合键插入域标志 {·}后，在域标志中输入域代码文本。

（2）域的编辑

可以编辑域代码或域结果的显示格式。

① 编辑域代码。选中域，单击鼠标右键，在快捷菜单中单击"切换域代码"命令，如图 1-17 所示。或者使用 Shift+F9 组合键切换至域代码状态进行编辑，对于嵌套域，可逐域显示域代码或域结果。

② 域的格式设置。域代码或域结果的格式设置方法同普通文本。

③ 删除域。选中域，按 Delete 键。

（3）域的更新

域的更新需要事件驱动，常见的方法如下。

① 选中域后按 F9 键，或选择图 1-17 所示快捷菜单中的"更新域"命令。

② 切换视图，自动更新部分域。

③ 选择"文件"→"选项"命令，打开"Word 选项"对话框。在其中单击"显示"选项，在"打印选项"选项组中勾选"打印前更新域"复选框，如图 1-23 所示。

图 1-22　域的类别（9 大类）

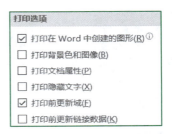

图 1-23　勾选"打印前更新域"复选框

（4）域操作中的常用快捷键

域操作中的常用快捷键如表 1-5 所示

表 1-5　域操作中的常用快捷键

快捷键	功　能
Ctrl+F9	插入域标志
Shift+F9	切换域结果与域代码
Alt+F9	显示或隐藏文档中所有域的域代码
F9	更新特定的、当前的域
Ctrl+F11	锁定域
Ctrl+ Shift +F11	解除对域的锁定
Ctrl+ Shift +F9	将域转化为静态文本

本 章 小 结

　　本章根据《党政机关公文格式》（GB/T 9704—2012）的规定，重点介绍了页面设置、精确制作"发文机关标识"、反线、印章等一些高级操作技术和方法，还介绍了域的基础知识以及 EQ 域的应用。通过本章的学习，可掌握和提高编辑符合 GB 标准格式公文的高级操作技能，可为从事公文编辑和完成其他案列制作奠定基础。

习 题 1

习题参考
答案

　　1. 编辑联合发文公文

　　参考本章案例，编辑联合发文公文，并使用文本框法或艺术字法制作联合发文的"红头"。

　　使用文本框法制作的联合发文"红头"样文如图 1-24 所示；使用艺术字法制作的联合发文"红头"样文如图 1-25 所示。

 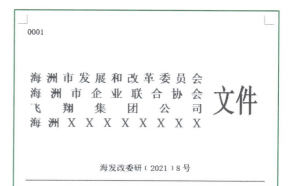

图 1-24　用文本框法制作的联合发文"红头"样文　　图 1-25　用艺术字法制作的联合发文"红头"样文

　　2. 制作图章

　　参考本章案例，制作如图 1-26 所示两个单位名称不同和字数不等的单位和部门行政印章（印章的圆直径为 4 cm）。

图 1-26　制作图章

第 2 章

编制"客户资料卡"

编制"客户资料卡"
PPT

拥有信息丰富的客户资料，是许多企业取得卓越成效的重要基础。"客户资料卡"作为客户信息的重要载体之一，在企业中得到了广泛应用。本章主要介绍如何快速编辑一张内容丰富、尺寸控制精确、创建窗体和设置窗体保护的"客户资料卡"表格。

2.1 任务描述 ▼

本任务将编辑一张设置窗体保护的"客户资料卡"表格。该任务可分解为 3 个子任务。

1. 编制"客户资料卡"表格

编制如图 2-1 所示的"客户资料卡"表格。

表格样文
素材

客户资料卡

客户基本资料	公司名称			代　号		统一编号		
	公司地址			电　话		公司执照	字 第　号	
	工厂地址			电　话		工厂登记证	字 第　号	
	公司成立		资本额		员工人数 职员　人 作业员　人			
	主要业务					行业类别		
	负责人	身份证号码				移动电话		
	居住地址			电　话		担任本职期间		
	执 行 业 务 者	身份证号码				移动电话		
	转 投 资 企 业					转投资效益		
营运资料	产品种类							
	主 要 销售对象							
	年营业额		纯 益 率			资产总额		
	负债总额		负债比率			权益净值		
	最近三年 每股盈利		流动比率			固定资产		

银行往来情形	金融机构名称	类 别	账 号	开户日期	退票及注销记录	金融机构评语

| 补充说明 | | | | | |

| 意见 | 审 查 | 经（副）理 | 科 长 | 业务员 |
| | | | | |

图 2-1 "客户资料卡"表格样文

19

2. 创建"客户资料卡"表格窗体

利用 Word 2016 的"控件"功能，为用户填写的表格创建窗体。

3. 设置窗体保护

为创建了窗体的表格设置强制保护。最终效果如图 2-2 所示。

客户资料卡

	公司名称	单击此处输入文字	代号	单击此处输入代号	统一编号	单击此处输入号码
客户基本资料	公司地址	单击此处输入文字	电话	单击此处输入号码	公司执照	单击此处输入文字单击此处输入号码
	工厂地址	单击此处输入文字	电话	单击此处输入号码	工厂登记证	单击此处输入文字单击此处输入号码
	公司成立	单击此处输入日期	资本额	输入金额	员工人数	职员输入人数人作业员输入人数人
	主要业务	单击此处输入文字			行业类别	选择类别
	负责人	输入姓名	身份证号码	单击此处输入18位号码	移动电话	单击此处输入号码
	居住地址	单击此处输入文字	电话	单击此处输入号码	担任本职期间	输入日期范围
	执行业务者	输入姓名	身份证号码	单击此处输入18位号码	移动电话	单击此处输入号码
	转投资企业	单击此处输入文字			转投资效益	选择类别
营运资料	产品种类	单击此处输入文字				
	主要销售对象	单击此处输入文字				
	年营业额	单击此处输入金额	纯益率	输入比率	资产总额	单击此处输入金额
	负债总额	单击此处输入金额	负债比率	输入比率	权益净值	单击此处输入金额
	最近三年每股盈利	单击此处输入金额	流动比率	输入比率	固定资产	单击此处输入金额

	金融机构名称	类别	账号	开户日期	退票及注销记录	金融机构评语
银行往来情形	单击此处输入文字	选择类别	单击此处输入号码	单击此处输入日期	单击此处输入文字	选择评语
	单击此处输入文字	选择类别	单击此处输入号码	单击此处输入日期	单击此处输入文字	选择评语
	单击此处输入文字	选择类别	单击此处输入号码	单击此处输入日期	单击此处输入文字	选择评语

补充说明	

	审　查	经（副）理	科　长	业务员
意见	单击此处输入文字	单击此处输入文字	单击此处输入文字	单击此处输入文字

图 2-2　为"客户资料卡"表格创建窗体保护后的效果

2.2　任务实施

2.2.1　编制"客户资料卡"表格

　　表格是由行和列组成的二维平面型对象，无论是规划设计新表格，还是依据已有表格样文重新编制表格文档，首先要清楚表格由多少行和多少列组成。对于复杂的表格，合并或拆分单元格较多，有的还需要手工画线，很难确定它的行数和列数，尤其是列数。为提高编制表格的效率和精确度，现将制表必须遵循的原则和高效操作技巧（简称"1 个原则 5 个技巧"）介绍如下。

　　① 以最少或较少的工作量为原则。

　　② 确定首要基准定位线。

③ 确定主要基准线之间的最佳列数或行数。

④ 先基准后其他。

⑤ 先长后短。

⑥ 先大后小。

下面对"1 个原则 5 个技巧"中的部分内容进行说明。

（1）首要基准定位线

表格外框线（有的表格样式取消了左右外框线）是所有表格内网格线的首要基准定位线。无论是通过命令插入表格，还是手动绘制，必须首先确定和绘制外框线。

（2）主要基准定位线

主要基准定位线是表格内能确定较多网格线的起止位置的线，如图 2-3 中标注的线。

（3）表格最佳行数和列数确定方法

以表内主要基准定位线和"最少工作量"原则，综合分析并确定各基准线之间的最佳列数和行数，得到表格的最佳行列数。行列数多了或少了，都会增加单元格合并或拆分、画线、调整或移动表格线的工作量。

编制"客户资料卡"表格时对照样文进行操作，分析其表内的主要基准定位线，如图 2-3 所示。较难确定的是第（2）和第（3）条列基准线间的列数，可为 2～4 列，设为 3 列或 4 列的工作量较少，这里选择 4 列。

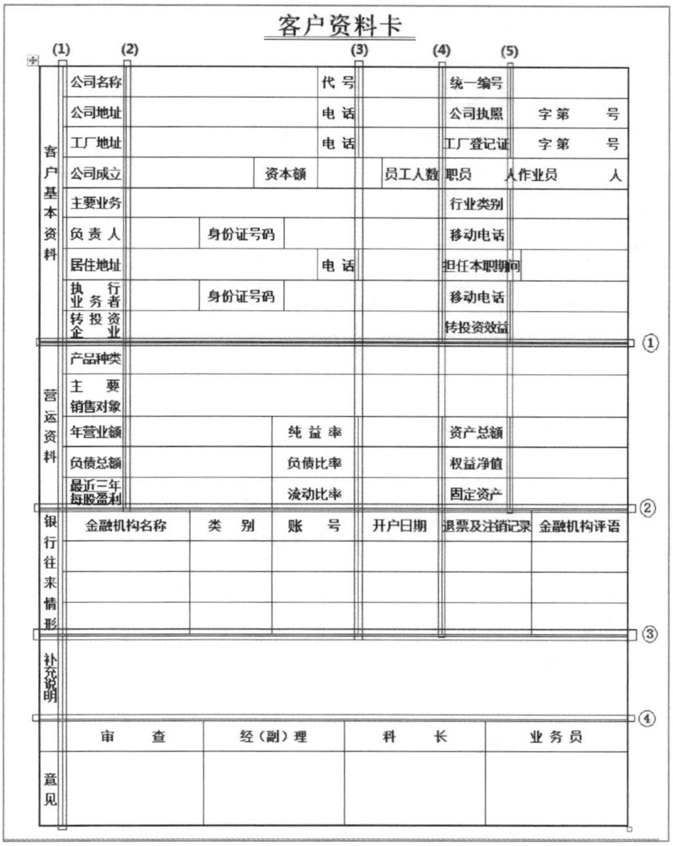

图 2-3　确定表格主要基准定位线

编制"客户资料卡"表格的具体操作步骤如下。

1. 设置页面

设置表格文档的页面：纸张 A4，左边距 3.0 cm，右边距 2.5 cm，其他为默认值。

微课 2-1
编制"客户资料卡"表格

2. 设置表格标题

在文档的第 1 行输入表格标题："客户资料卡"，设置宋体、小二号、加粗及水平居中，设置双下画线，设置段前 0.5 行、段后 0.7 行。

3. 插入表格

在文档的第 2 行插入 21 行 9 列的表格。

4. 设置表格参数

设置表格居中，调整表格在版心内；设置表格外边框线为 1.5 磅，双分隔线为 0.75 磅；设置表格内容的字号为小五；设置表格属性：行高为 0.8 cm；单元格选项设置如图 2-4 所示。

5. 精确调整定位基准列线

用上下两个窗口分别打开表格样文和创建的表格文档，以相同比例显示，对照样文，以左外框线为起点基准线，使用 Alt+鼠标左键拖动列线或列线对应的水平标尺上的"移动表格列"标志进行微调（注意观察水平标尺显示的精确尺寸），精确定位各基准列线（图 2-3 中所标列线）。

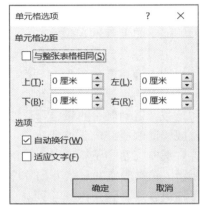

图 2-4　单元格选项设置

6. 单元格的合并或拆分及注意事项

合并或拆分单元格是快速、精确制作复杂表格时费力、费脑筋最多的关键环节，拆分单元格较难掌握，容易出错。

（1）单元格合并或拆分

灵活、综合应用前面介绍的"先基准后其他，先长后短，先大后小"技巧。

① 先输入基准定位单元格的内容。如第 1 列、第 2 列、第 4 条和第 5 条列线间的内容，这样便于观察定位，有利于提高合并或拆分单元格的效率。

② 先合并不需要拆分的单元格，如"公司名称""公司地址""工厂地址""居住地址""补充说明""产品种类""主要销售对象""主要业务"和"转投资企业"等栏目右边的单元格，进行合并即可。

③ 后合并可直接拆分的单元格，如"银行往来情形"和"意见"单元格。"意见"单元格右侧的所有列合并后拆分为 2 行 4 列，列宽不需要调整。

④ 再合并或拆分其他单元格。其余的单元格，有的要进行多次的合并与拆分。

（2）单元格的合并或拆分注意事项

①"行"是表格的基准单位。表格横（水平）线是以行为单位，表格列（竖）线是以字符为单位。

② 默认情况下，表格的行高和列宽不能小于"最小值"，小于或等于"最小值"时表格线不能移动（除非改为"固定值"或指定值）。

③ 在一个表格内合并或拆分单元格，表格横线是不会错位的，列线可错位。

④ 拆分后的列宽重新平均分配。

⑤ 当拆分列数的最小总宽度大于拆分前单元格区域列的总宽度时，会往右挤破原单元格最右边的列线和表格。

⑥ 拆分后的列线有的可能会与原来某一列的列线段在同一列位置，当移动这样的列线段时，在同一列位置的所有列线段都会跟随移动。解决这个问题的有效方法是适当增加拆分的列数，使拆分的列线错位，拆分后再合并。

还有其他一些重要特性，这里不再讲述，读者可以自己总结。

> **提示**
>
> 要实现错位的表格横线，可以使用嵌套法、文本框法等其他方法。读者可参阅有关资料，这里不再进行介绍。

7. 完成所有内容的输入和对齐

样文中的内容大部分都是居中对齐，全部单元格垂直居中，有一部分是分散对齐，有个别的是右对齐。特别要注意的是：第 1 列文字的对齐是通过垂直居中与单元格自动换行或文字竖排形成的；一行中有双行字符的，其行高的调整要与设置段落固定行距结合。

2.2.2 创建 "客户资料卡" 表格窗体

利用 Word 2016 的 "控件" 功能，为表格创建窗体，并设置窗体保护，主要目的是提高用户填表的效率和准确率，防止用户修改表格本身的内容。

要使用 "控件" 功能，需要调出开发工具。

微课 2-2
插入控件创建
表格窗体

1. 设置显示 "开发工具" 选项卡

选择 "文件" → "选项" 命令，打开 "Word 选项" 对话框，如图 2-5 所示。选择 "自定义功能区" 选项，勾选 "主选项卡" 的 "开发工具" 复选框，单击 "确定" 按钮。

图 2-5　设置显示 "开发工具" 选项卡

"开发工具"选项卡如图 2-6 所示。

图 2-6 "开发工具"选项卡

2. 插入控件

（1）在单行的文本数据单元格中插入"格式文本"控件

将光标定位在待插入控件的单元格中，选择"开发工具"→"控件"→"格式文本 Aa"命令，即可在单元格中插入该控件，"控件"组如图 2-7 所示，显示的控件占位符状态如图 2-8 所示，控件占位符设计模式如图 2-9 所示。

图 2-7 "控件"组　　　　　　　　　　　　图 2-8 "文本"控件占位符显示状态

文本数据包括中西文字、数字号码及金额数字等。

相同内容较多时，最好先修改控件占位符属性，再复制控件到其他单元格。

（2）在多行的文本数据单元格中插入"纯文本"控件

多行的文本数据主要包括如下单元格内容："主要销售对象"，"意见"所在单元格右侧的 4 个单元格。插入的"纯文本"控件占位符与"格式文本"控件占位符相同。

（3）在文本名称类别明确的数据单元格中插入"下拉列表"控件

此类单元格有"行业类别""转投资收益""类别"和"金融机构评语"。"下拉列表"控件占位符显示状态如图 2-10 所示。

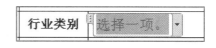

图 2-9 "文本"控件占位符设计模式　　　　图 2-10 "下拉列表"控件占位符显示状态

（4）在日期型数据单元格中插入"日期选取器"控件

插入控件的操作同上，插入的"日期选取器"控件如图 2-11 所示。

（5）在填写内容较多的单元格中插入"旧式工具"中的"文本框"控件

需要插入该控件的有"补充说明"单元格。也可为"主要销售对象"单元格插入"文本框"控件。

将光标定位在 "补充说明" 单元格中，选择 "开发工具" → "控件" → "旧式工具 "
→ "ActiveX 控件" → "文本框 abl" 命令，即可在单元格中插入一个 "文本框" 控件，调整它
的高和宽至单元格边缘，旧式窗体和 ActiveX 控件如图 2-12 所示。

图 2-11 "日期选取器" 控件占位符及下拉日期   图 2-12 旧式窗体和 ActiveX 控件

为要输入内容的单元格插入控件后，只是完成创建窗体的第一步，有的还不能正确使用，
因此需要设置控件的属性。而且如果控件占位符太大，会使较小的单元格产生变形，必须进行
修改。

3. 设置控件属性

（1）"格式文本" 控件的属性设置

选择 "开发工具" → "控件" → "格式文本" 命令，单击 "属性" 按钮 属性，打开 "内
容控件属性" 对话框。设置 "标题" 和 "标记" 选项（可选），勾选 "无法删除内容控件" 复
选框（建议所有控件都设置此项，以保证在填写窗体内容时不会把内容控件误删除），单击 "确
定" 按钮，如图 2-13 所示，保存设置并关闭对话框。

在 "常规" 选项组中，"标题" 和 "标记" 内容的设置与显示如下。

输入 "标题" 内容为 "输入公司名称" 和 "打开日期列表选取" 等，常规下和 "设计模式"
下都只在单击控件时才在控件占位符左上方显示。

输入 "标记" 内容为 "公司名称" 和 "代号" 等，常规下不显示，启动 "设计模式" 时，
所有控件的标记都会显示。

如果两个内容都输入了，则会在 "设计模式" 下分别显示；如果只输入了 "标题" 内容，则
在 "设计模式" 下，"标题" 和 "标记" 都显示 "标题" 内容；如果只输入了 "标记" 内容，在
"设计模式" 下只显示 "标记" 内容。"标题" 和 "标记" 在 "设计模式" 下的显示状态如图 2-14
所示。

（2）"纯文本" 控件的属性设置

为 "纯文本" 控件设置 "允许回车"，即可输入多个段落的文本，属性设置如图 2-15 所示。

但是要注意，如果需要输入的文本行数多于表格单元格的行数，会自动改变单元格的行高，
破坏表格原来的形状。为避免出现这样的问题，在输入的内容较多但又不能确定需占用多少行
的情况下，建议使用 "文本框" 控件。

图 2-13　公司名称"格式文本"控件属性设置　　　　图 2-14　属性"标题"和"标记"显示状态

（3）"下拉列表"控件的属性设置

每个列表的内容都不同，要逐个进行设置。列表中的项目一般都是标准化、规范化的内容名称，实际应用的列表按实际的项目设置。这里以虚拟项目为例来设置。

下拉列表项目设置方法：打开"内容控件属性"对话框，单击"添加"按钮，打开"添加选项"对话框。在"显示名称"框中输入项目"农业"后，单击"确定"按钮。继续添加项目，添加完所有项目后调整项目的顺序，单击"确定"按钮，属性设置如图 2-16 所示。

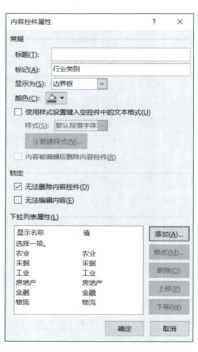

图 2-15　"纯文本"控件属性设置　　　　图 2-16　"行业类别"的"下拉列表"控件属性设置

"行业类别"的下拉列表项目为农业、采掘、工业、房地产、金融、物流和商贸。

"转投资效益"的下拉列表项目为良好、尚可和亏损。

"类别"的下拉列表项目为类别一、类别二和类别三。

（4）"日期选取器"控件的属性设置

在"日期选取器"的"内容控件属性"对话框中，"标题"和"标记"可设置，也可不设置，主要是要选择"无法删除内容控件"复选框并选择一种日期显示方式，这里选择"yyyy'年'M'月'd'日'"，其他采用默认值，"日期选取器"控件设置的属性如图 2-17 所示。

（5）"文本框"控件的属性设置

"文本框"控件的属性设置方法：单击插入的"文本框"控件（光标定在"文本框"控件），选择"开发工具"→"控件"→"设计模式"命令，启动"设计模式"。单击"属性"按钮📧属性，打开"属性"对话框，在最上面的下拉列表框中选择"TextBox1 TextBox"。在"按分类序"选项卡中单击属性"行为"中的属性名称"Multiline"（多行），然后单击右边下拉按钮▾，选择值"True"；单击属性"滚动"中的属性名称"ScrollBars"（滚动条）右边下拉按钮▾，选择值"2–fmScrollBarsVertical"（垂直滚动条）；单击属性"杂项"中的"Height"（高度）和"Width"（宽度），并输入文本框高度和宽度值。其他属性保持默认值。"文本框"控件属性值设置，如图 2-18 所示。

图 2-17 "日期选取器"控件属性设置

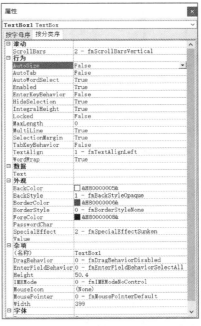

图 2-18 "文本框"控件属性设置

设置"文本框"控件的属性后需要启用宏，保存文档时要保存为启用宏的文档（.docm）。

4. 修改控件占位符和单元格选项

控件占位符的修改，以正确显示占位符的全部或简化信息而不改变单元格形状为原则。因此，对于控件占位符大于单元格的情形必须进行修改。

修改控件占位符的显示格式，要与单元格输入内容格式的设置结合进行。

（1）修改控件占位符

单击控件占位符，选择"开发工具"→"控件"→"设计模式"命令，则所有控件转换为"设计模式"。对有关占位符文字进行编辑：删除和精简文字，更改字号为小五或 9 磅，完成修改后，再选择"开发工具"→"控件"→"设计模式"命令退出。

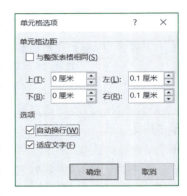

图 2-19 单元格选项设置

（2）修改单元格选项

对于修改后的控件占位符，如果仍然大于单元格而使单元格形状发生改变，就需要修改单元格选项。设置内边距在 0～0.1 cm 之间，勾选"适应文字"复选框，如图 2-19 所示。这样可以使控件占位符的信息自动在单元格的一行中显示，输入单元格内容后也会自动缩放。

控件占位符和单元格选项设置完成后，在"设计模式"下，全部控件占位符的显示状态如图 2-20 所示。

客户资料卡

公司名称	[公司名称(单击此处输入文字)公司名称]	代 号	[单击此处输入代号]	统一编号	[单击此处输入号码]
公司地址	[单击此处输入文字]	电 话	[单击此处输入号码]	公司执照	[输入文字]号
工厂地址	[单击此处输入文字]	电 话	[单击此处输入号码]	工厂登记证	[输入文字]号
公司成立	[成立日单击此处输入日成]	资本额	[输入金额]	员工人数	[输入人数] 职员 [输入人数] 入作业员 [输入人数]
主要业务	[业务单击此处输入文字业务]			行业类别	[选择类别]
负责人	[输入姓名]	身份证号码	[单击此处输入18位号码]	移动电话	[单击此处输入号码]

（左侧竖排：客户基本资料）

图 2-20 "设计模式"下控件占位符的显示状态

2.2.3 设置窗体保护

窗体保护分为部分保护和整体保护，本例介绍整体保护。

1. **打开要保护的窗体文档**

2. **打开"限制格式和编辑"任务窗格**

选择"开发工具"→"保护"→"限制编辑"命令，如图 2-21 所示，打开"限制格式和编辑"任务窗格，如图 2-22 所示。

微课 2-3
保护窗体

3. 设置编辑限制——填写窗体

在"限制格式和编辑"任务窗格的"2.编辑限制"下，勾选"仅允许在文档中进行此类型的编辑"复选框，打开"编辑限制"下拉列表框，选择"填写窗体"选项，如图 2-22 所示。

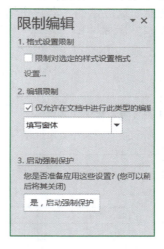

图 2-21 "限制编辑"命令   图 2-22 "限制格式和编辑"任务窗格

4. 启动强制保护，设置保护密码

在"限制格式和编辑"任务窗格的"3.启动强制保护"下单击 是，启动强制保护 按钮（如图 2-22 所示），打开"启动强制保护"对话框，输入新密码和"确认新密码"，单击"确定"按钮，如图 2-23 所示。

> 📎 注意
>
> 记住密码很重要。如果忘记了密码，将无法找回。最好将密码记录下来，保存在一个安全的地方，这个地方应该尽量远离密码所要保护的信息。

5. 取消保护

如果要对被保护的文档进行审阅或修改，必须先取消保护。取消保护的操作如下。

打开受保护的文档，选择"开发工具"→"保护"→"保护文档"→"限制格式和编辑"命令，单击"限制格式和编辑"任务窗格中的 停止保护 按钮，在"取消保护文档"对话框（如图 2-24 所示）中输入设置的保护密码，单击"确定"按钮即可。

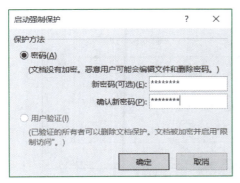

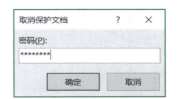

图 2-23 设置密码   图 2-24 "取消保护文档"对话框

本 章 小 结

　　本章以企业广泛应用的"客户资料卡"表格为例，重点介绍了快速、精确制表的技巧和方法，详细介绍了如何使用"控件"为电子表格创建窗体以及设置窗体保护。

习 题 2

习题参考
答案

1. 编制"干部任免审批表"表格

参考图 2-25 所示的"干部任免审批表"样文进行编制。

干部任免审批表

姓　名		性　别		出 生 年 月			民　族		
籍　贯		入 党 时 间			健康状况				
出 生 地		参加工作时间			工资情况	职务工资	级别	工资额	
学　历		学　位							
专业技术职务		发 证 单 位				级别工资	级别	工资额	
身份证号			发证机关						
熟悉何种专业技术及有何种专长									
业余爱好		□体育运动	□唱歌跳舞		□绘画书法		□其它		
现任职务									
拟任职务									
拟免职务									
简　历									
奖惩情况									
年度考核结果									
任免理由									
家庭成员	称谓	姓　名	年龄	政治面貌	工作单位及职务				
呈 报 单 位									
审批机关意见		（盖章）日期：		行政机关任免意见		（盖章）日期：			

图 2-25 "干部任免审批表"样文

2．设置"干部任免审批表"控件和窗体保护

在题 1 编制的表格的基础上，参照案例，为表格设置控件和窗体保护。

具体要求如下："性别""健康状况""学历"和"学位"等栏目使用"下拉列表"控件，下拉列表项目自己确定；日期型栏目使用"日期选取器"控件；"简历"栏目使用"文本框"控件；"业余爱好"栏目使用"复选框"控件；"专业技术职务""毕业院校及专业"和"熟悉何种专业技术及有何专长"栏目使用可回车的"纯文本"控件；其他使用"格式文本"控件。插入的控件占位符和填写的内容都不能改变表格原来的形状。

第**3**章

论 文 排 版

论文排版

PPT

论文排版涉及长文档的排版。常见的长文档包括图书、毕业论文、规章制度、宣传手册和活动计划等。长文档不仅仅篇幅较长，往往还包含许多其他的文档元素，如表格、图片、图形、图表、流程图、艺术字、公式、动画、声音和视频等，排版操作要处理一系列的问题。

3.1　任务描述 ▽

本章将编排一篇毕业论文。下面通过已经排好版的论文，了解一下论文的结构。可以看到论文一般由以下几部分组成。

（1）封面

论文封面如图 3-1 所示。

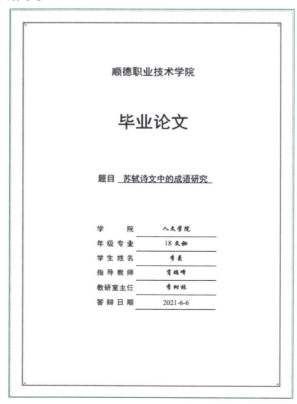

封面样文
素材

图 3-1　封面样文

（2）摘要和关键词

论文摘要和关键词如图 3-2 所示。

摘要样文
素材

图 3-2　中文摘要和英文摘要样文

（3）目录

论文目录如图 3-3 所示。

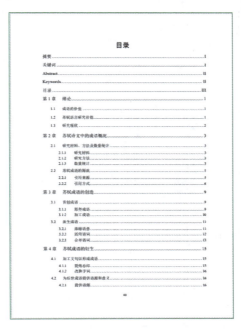

目录样文
素材

图 3-3　目录样文

（4）正文

论文正文如图 3-4 所示。

图 3-4　正文样文

（5）参考文献

论文参考文献如图 3-5 所示。

图 3-5　参考文献样文

（6）致谢
论文致谢如图 3-6 所示。

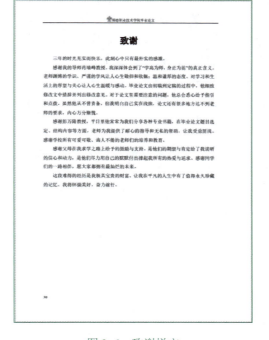

致谢样文
素材

图 3-6　致谢样文

（7）附录
前面几部分都是必要的组成部分，有的论文还包括附录。
论文排版具体要求如下。
1. 页面设置
设置纸张、页边距和奇偶页等。
2. 格式
论文各组成部分按指定格式设置，章、节和小节实现自动编号。
3. 目录
目录要求自动生成。
4. 页眉和页脚
封面、摘要和目录、正文、参考文献和致谢等部分分别设置。
5. 图、表
添加图、表时要插入题注，并使用交叉引用功能。

3.2　任务实施 ▽

3.2.1　论文撰写流程

论文撰写的一般流程是：拟定论文提纲→确定文档结构→填写内容。

根据这一过程，在 Word 中的具体操作步骤如下。

① 在大纲视图中快速创建文档结构。

② 在页面视图中将正文内容输入到各级标题下。

③ 在修改论文的过程中，对不断添加的内容根据需要应用相应级别的样式。

上面介绍的方法适用于从头开始撰写论文，本章目的是学习排版，为此提供了相应的素材。打开"论文素材.docx"，将文件另存为"论文.docx"。

> **说明**
>
> 在素材中只有文字，没有层级。为了方便大家知道哪些是章、节、小节以及正文等，我们分别用不同的颜色进行了标记，具体如表 3-1 所示。
>
> 表 3-1 论文素材文件各部分标记颜色
>
> | 论文组成部分 | 标记颜色 |
> | --- | --- |
> | 章名 | 红色 |
> | 节名 | 绿色 |
> | 小节名 | 蓝色 |
> | 正文 | 紫色 |
> | 摘要名
目录名 | 深红色 |
> | 摘要正文 | 橙色 |

3.2.2 工作环境设置

1. 添加打印预览编辑模式

在快速访问工具栏可以添加"打印预览和打印"按钮，但这个打印预览调试不太方便，为此要把"打印预览编辑模式"加入到快速访问工具栏，可以在全屏范围放大预览。

具体操作步骤如下。

① 在左上角的快速访问工具栏单击右侧的"自定义快速访问工具栏"按钮，打开"自定义快速访问工具栏"菜单，选择"其他命令"命令，打开"Word 选项"对话框，如图 3-7 所示。

② 在"从下列位置选择命令"下拉列表框中选择"所有命令"选项，在下拉列表中选中"打印预览编辑模式"，单击"添加"按钮。

③ 单击"确定"按钮，"打印预览编辑模式"按钮就添加到了快速访问工具栏。

2. 显示编辑标记

在编辑长文档时需要随时查看分节符、分页符等，为此要把编辑标记显示出来。

具体操作步骤如下。

在"开始→段落"组中单击"显示/隐藏编辑标记"按钮，按钮呈按下状态时，文档中的编辑标记就可以显示出来了。

3. 打开导航窗格

为了方便观察文档的结构变化，在"视图→显示"组中选中"导航窗格"复选框。此时，Word 文档窗口被分成了两部分，左边显示整个文档的标题结构，右边显示文档内容。

图 3-7 "Word 选项"对话框

3.2.3 页面设置

页面格式包括页边距、纸张、装订线和页面版式等整篇文档的共享部分，是文档中的最大编辑单位。在使用 Word 撰写论文前，应按论文的页面格式要求对文档进行页面设置。

对论文进行页面设置，纸张为 A4 纵向，页边距上、下、左、右均为 2.5 厘米，装订线 0.5 厘米，页眉和页脚"奇偶页不同"。

具体操作步骤如下。

① 在"布局→页面设置"组中单击右下角的对话框启动器按钮 ，打开"页面设置"对话框。

② 在"纸张"选项卡中，"纸张大小"选择 A4。

③ 在"页边距"选项卡中，设置上、下、左、右页边距均为 2.5 厘米，装订线 0.5 厘米。

④ 在"版式"选项卡的"页眉和页脚"组中，选中"奇偶页不同"复选框。

⑤ 单击"确定"按钮。

3.2.4 样式

长文档不仅内容多，而且格式也多。如何提高排版效率呢？这就要使用样式了。

样式是指一组字体、段落等格式设置的组合。样式使用是长文档排版的一个关键之处，主要作用体现在以下几个方面：

● 使文档在格式编排上更美观统一，方便进行批量修改。

● 自动生成文档结构图。

- 自动生成章节编号。
- 自动生成图、表编号。
- 自动生成目录。

在 Word 文档中可以使用以下 3 种样式：

① 内置样式

② 自定义样式

③ 其他文档或模板中的样式

微课 3-1
使用样式和
修改样式

1. 应用内置样式

为了使长文档的内容层次分明、便于阅读，需要对不同的内容设置不同级别的格式。而实现这一操作的便捷方法就是应用 Word 本身自带的样式，称为内置样式。

使用内置标题样式可以快速创建文档结构，并为自动生成目录打好基础。

按表 3-2 所示，对章、节和小节名应用相应样式。

表 3-2　章节应用的样式

论文组成部分	应用样式
章名	标题 1
节名	标题 2
小节名	标题 3

具体操作步骤如下。

（1）章名应用"标题 1"样式

章名应用"标题 1"样式的一般方法如下。

① 将插入点置于"绪论"所在段落（选中章名"绪论"所在段落）。

② 在"开始→样式"组中选择"快速样式"列表框中的"标题 1"样式。此时，"绪论"就应用了"标题 1"样式，并出现在了"导航"窗格中。

③ 找到其他所有章名，应用"标题 1"样式。

对于排版练习来说，因为已经提供了文字素材，所以可以进行批量设置。

把所有章名（用红色文字标记）应用"标题 1"可用以下方法快速设置。

① 将插入点置于任意章名所在的段落。

② 在"开始→编辑"组中单击"选择"下拉按钮，在打开的下拉菜单中选择"选定所有格式类似的文本"命令，选中所有章名（用红色文字标记）。

③ 在"样式"组的"快速样式"列表框中选择"标题 1"样式，就将全部章名应用了"标题 1"样式。

（2）为节名、小节名应用样式

用同样方法将全部节名（用绿色文字标记）应用"标题 2"样式，将全部小节名（用蓝色文字标记）应用"标题 3"样式。

此时，"导航"窗格显示"论文.docx"应用了 1 级、2 级和 3 级标题样式后的文档结构，如图 3-8 所示。

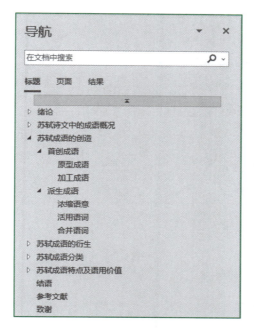

图 3-8 文档结构

说明

如果应用了错误的样式，只要重新应用正确的样式就可以了。如果需要将某个文本块或段落的所有格式清除，可以在"开始→字体"组中单击"清除所有格式"按钮。

2. 修改样式

上述操作中只应用了 Word 的内置样式，有时不一定符合实际要求，为此需要对内置样式进行修改。

按表 3-3 所示要求修改内置样式。

表 3-3 内置样式修改要求

样式名称	字体格式	段落格式
标题 1	宋体，二号	居中，段前分页
标题 2	黑体，三号	
标题 3	宋体，三号	

具体操作步骤如下。

① 将插入点置于任意使用了"标题 1"样式的段落（或在"导航"窗格中选中任意一个使用了"标题 1"样式的段落）。

② 在"开始→样式"组中右击"快速样式"列表框中的"标题 1"样式，打开快捷菜单。

③ 选择"修改"命令，打开"修改样式"对话框，如图 3-9 所示。

④ 单击"格式"下拉按钮，在弹出的下拉菜单中选择"字体"命令，打开"字体"对话框。在"字体"选项卡中设置"字体"为"宋体"，"字号"为"二号"。

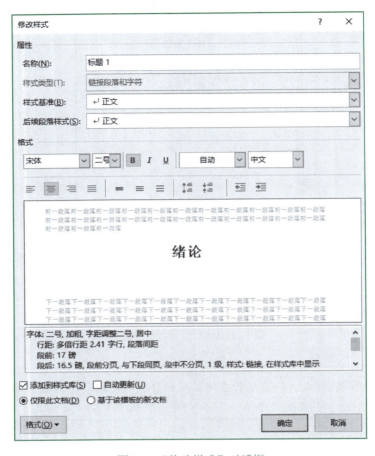

图 3-9　"修改样式"对话框

⑤ 选择"段落"命令，打开"段落"对话框。在"缩进和间距"选项卡中设置"对齐方式"为"居中"；在"换页和分行"选项卡的"分页"选项组中，选中"段前分页"复选框。

⑥ 单击"确定"按钮。此时，文档中所有的章名被批量修改，且每一章均从新的一页开始。

⑦ 用同样的方法修改"标题 2"和"标题 3"。

⑧ 在"视图→视图"组中单击"大纲视图"按钮，切换到大纲视图。在"大纲→大纲工具"组的"显示级别"列表框中选择"3 级"选项，观察文档内容，如图 3-10 所示。

⑨ 单击"关闭大纲视图"按钮，切换到页面视图。

3. 新建样式

内置样式毕竟有限，可以根据实际情况自定义样式。例如论文正文的格式要求与素材中正文的格式不一致，如何快速将素材中所有的正文段落格式进行批量修改呢？这可以分两步来实现：新建样式，再应用新样式。

微课 3-2
新建样式

（1）新建样式

按表 3-4 所示要求新建一个名称为"论文正文"的样式，并将"论文正文"样式应用于文档的正文文本中。

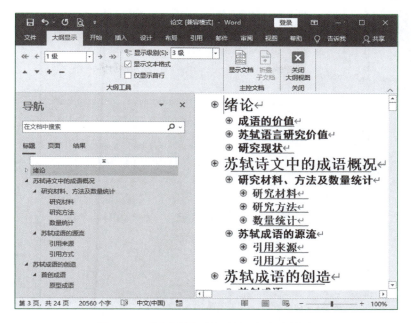

图 3-10 大纲视图下显示的 3 级标题内容

表 3-4 论文正文格式要求

样式名称	字体格式	段落格式
论文正文	宋体，小四号	首行缩进 2 字符、1.5 倍行距

具体操作步骤如下。

① 将插入点置于正文文本（用紫色标记）中的任意位置。

② 在"开始→编辑"组中单击"选择"下拉按钮，在打开的下拉菜单中选择"选定所有格式类似的文本"命令，选中所有紫色文字。

③ 在"样式"任务窗格的左下角，单击"新建样式"按钮 ，打开"根据格式设置创建新样式"对话框。

④ 在"名称"文本框中输入"论文正文"，在"样式基准"下拉列表框中选择"正文"，在"后续段落样式"下拉列表框中选择"论文正文"，其他设置如图 3-11 所示。

⑤ 单击"确定"按钮，新建的样式"论文正文"随即出现在"样式"任务窗格的样式列表框中。同时，所有正文段落也应用了"论文正文"样式。

（2）根据文本格式创建样式

Word 还可以根据所选文本的格式新建样式。

根据关键词中的正文格式，创建一个新的样式"关键词"。

具体操作步骤如下。

① 将插入点置于关键词所在段落。

② 在"开始→字体"组中单击"清除所有格式"按钮 ，清除该段文本已应用的格式。

③ 将其字体格式设置为中文黑体，英文 Arial Blank，小四号。段落格式设置为段前间距 0.5 行。

图 3-11　"根据格式设置创建新样式"对话框

④ 将插入点置于关键词所在段落，在"开始→样式"组中单击"其他"按钮 <u>⁼</u>，在打开的下拉菜单中选择"创建样式"命令，打开"根据格式化创建新样式"对话框。在"名称"文本框中输入"关键词"，如图 3-12 所示。单击"确定"按钮，新建的样式"关键词"随即出现在了样式列表框中。

⑤ 将插入点置于英文关键词所在段落，在样式列表框中选择"关键词"样式，英文关键词也应用了"关键词"样式。

（3）应用其他样式

在当前文档中可以应用其他文档或模板中的样式，以提高排版效率。

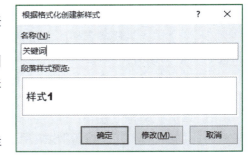

图 3-12　"根据格式化创建新样式"对话框

将文档"其他样式.docx"中的"摘要标题"和"摘要正文"样式复制到当前文档"论文.docx"中，并将"摘要标题"样式分别应用于论文中的中英文摘要标题及目录标题，"摘要正文"样式应用于中英文摘要正文。

具体操作步骤如下。

① 在"样式"任务窗格的下方，单击"管理样式"按钮 <u>ᵇᵞ</u>，打开"管理样式"对话框。单击"导入/导出"按钮，打开"管理器"对话框。

② 在"样式"选项卡中单击右边的"关闭文件"按钮，将该按钮切换为"打开文件"。

③ 单击"打开文件"按钮，在"打开"对话框中单击右下方的"文件类型"下拉按钮，在打开的下拉列表框中选择"所有 Word 文档"选项。然后找到并打开 Word 文档"其他样式.docx"，单击"打开"按钮。

④ 如图 3-13 所示，在"管理器"对话框右侧的列表框，选择"摘要标题"和"摘要正文"样式，单击中间的"复制"按钮，选中的样式便会出现在左侧"到论文"列表框中。

图 3-13　"管理器"对话框

⑤ 关闭"管理器"对话框。"摘要标题"和"摘要正文"样式出现在了"样式"任务窗格的样式列表框中。

⑥ 将"摘要标题"样式应用于论文中的中英文摘要标题、目录标题（用深红色文字标记），将"摘要正文"样式应用于论文中的中英文摘要正文（用橙色文字标记）。

> ━ ◢说明 ◣ ━
> 当从一个文档中复制文本到当前文档时，其对应的样式名也会出现在当前的"样式"任务窗格中。利用"格式刷"也可以复制其他文档中的样式。

3.2.5　多级编号

对于一篇较长的文档，需要使用多级标题编号，如"第 1 章"、1.1 和 1.1.1 等。如果手动加入编号，一旦对章节进行了增删或移动，就需要修改相应的编号。那么如何使标题编号随章节的改变而自动调整呢？这就要使用设置自动多级编号的方法来实现。

微课 3-3
自动编号

按表 3-5 的要求，为各级标题设置自动多级编号。

表 3-5　标题样式与对应的编号格式

样式名称	多级编号范例	位置
标题 1	第 1 章	左对齐，0 厘米
标题 2	1.1	左对齐，0 厘米
标题 3	1.1.1	左对齐，0.75 厘米

具体操作步骤如下。

（1）选择一种编号样式

① 将插入点置于任意使用了"标题 1""标题 2"或"标题 3"样式的段落。

② 在"开始→段落"组中单击"多级列表"按钮，在打开的列表库中选择一个与要求接近的编号样式，如第 2 行第 3 列，如图 3-14 所示。

③ 再次单击"多级列表"按钮，选择"定义新的多级列表"命令，打开"定义新多级列表"对话框，单击"更多"按钮，如图 3-15 所示。

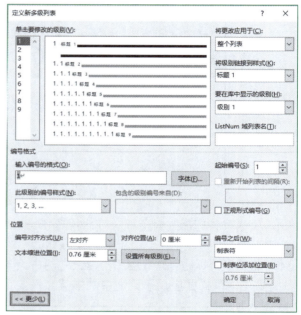

图 3-14 "多级列表"列表框   图 3-15 "定义新多级列表"对话框

（2）为"标题 1"设置编号

在"单击要修改的级别"列表框中选择"1"选项，"此级别的编号样式"列表框中选择"1,2,3…"选项，在"输入编号的格式"文本框中就会出现编号"1"，在"1"的前后分别添加文字"第"和"章"。

可以看到"将级别链接到样式"下拉列表框中的默认选项为"标题 1"，"编号之后"下拉列表框中的选项为"制表符"。

> **注意**
>
> "输入编号的格式"文本框中编号不能手动输入，必须在"包含的级别编号来自"和"此级别的编号样式"下拉列表框中选择，这是因为它们是以域的形式（灰色底纹）表示的。而手动输入的编号是常量，不会随着所在位置而变化。

（3）为"标题 2"设置编号

"标题 2"的"编号格式"直接使用默认格式。若级别 1 的编号样式不为"1,2,3…"，需选中"正规形式的编号"复选框。

（4）为"标题 3"设置编号

"标题 3"的"编号格式"也使用默认格式，对齐位置设为 0.75 厘米。若级别 1 的编号样式不为"1,2,3…"，需选中"正规形式的编号"复选框。

单击"确定"按钮，可以看到在"快速样式"列表框中的标题样式已经增加了编号。对于不需要编号的章名，如"参考文献"和"致谢"，直接删除编号即可。

添加了多级编号后的文档结构如图 3-16 所示。

"定义新多级列表"对话框中各选项作用如下。

● "编号格式"选项组

在"输入编号的格式"文本框中，指明编号或项目符号及前后紧接的文字。单击"字体"按钮，可以设置字体格式。

在"此级别的编号样式"下拉列表框中，设置当前级别要用的项目符号或编号样式。

在"包含的级别编号来自"下拉列表框中，选择高一级的项目符号或编号。

● "位置"选项组

"编号对齐方式"下拉列表框用于设置编号或项目符号的对齐方式。

"对齐位置"相当于"首行缩进"。

"文本缩进位置"相当于"悬挂缩进"。

● "更多"选项

在"将更改应用于"下拉列表框中，根据具体情况可以选择"整个列表""插入点之后"和"当前段落"3 个选项。

在"将级别链接到样式"下拉列表框中，可以选择当前级别应用的样式，一般可以选择从标题 1 到标题 9 的样式。

在"ListNum 域列表名"文本框中输入 ListNum 域列表的名称。

在"起始编号"数值框中，输入列表的起始编号。

如果选中"正规形式编号"复选框，将不允许多级列表中出现除阿拉伯数字以外的其他符号，同时"此级别的编号样式"下拉列表框将变灰无效。

在"编号之后"下拉列表框中，可以选择编号与文字之间是用"制表位"隔开还是用"空格"隔开，也可以选择"不特别标注"选项。

"制表位添加位置"用于调整编号和文本之间的距离。

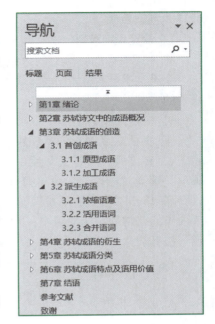

图 3-16　添加了多级编号的文档结构

3.2.6　目录

目录是长文档必不可少的组成部分，手动添加目录既麻烦，又不利于以后的编辑修改。Word 提供了快速生成目录的方法。

Word 一般是利用标题样式或者大纲级别来创建目录的，因此，在创建目录之前，首先要将希望出现在目录中的段落应用内置的标题样式（标题 1～标题 9）或者设置大纲级别。对于一些没有使用标题或大纲样式的文字，也可以利用标记目录项来添加到目录。当然，也可以应用其

微课 3-4
插入目录

他样式创建目录。

1. 设置大纲级别

将"摘要标题"样式的大纲级别设为 1 级。

中英文摘要标题和目录标题没有应用标题样式，要想将它们加入目录，可以应用设置大纲级别的方法。

具体操作步骤如下。

① 将插入点置于任意使用了"摘要标题"样式的段落。

② 在"开始→样式"组中，右击"快速样式"列表框中的"摘要标题"样式，打开快捷菜单。选择"修改"命令，打开"修改样式"对话框。

③ 单击"格式"下拉按钮，选择"段落"命令，打开"段落"对话框。在"缩进和间距"选项卡的"常规"选项组中，"大纲级别"下拉列表框选择"1 级"，如图 3-17 所示。单击"确定"按钮。

图 3-17 "段落"对话框

2. 设置标记目录项

中英文关键词没有应用标题样式或大纲级别，如果想要添加到目录中，可以通过标记目录项来实现。

用标记目录项来插入目录方法好处在于：一篇文档可设置多个目录（只需将目录项标识符

设置为不同），同时不用为文字设置样式。将中英文关键词标记目录项设置为 1 级。具体操作步骤如下。

① 选中需要创建目录的文字"关键词"，按 Alt+Shift+O 组合键，弹出"标记目录项"对话框，如图 3-18 所示。

② "级别"选择 1，单击"标记"按钮。

③ 用同样的方法标记"Keywords"。

图 3-18 "标记目录项"对话框

3. 生成目录

利用标题样式、大纲级别和标记目录项生成论文目录。具体操作步骤如下。

① 将插入点置于"绪论"之前。

② 在"引用→目录"组中，单击"目录"按钮，在弹出的下拉菜单中选择"自定义目录"命令，打开"目录"对话框。

③ 在"目录"对话框中"目录"选项卡的"显示级别"数值框中输入 3，如图 3-19 所示。

④ 单击"选项"按钮，打开"目录选项"对话框，如图 3-20 所示。

图 3-19 "目录"对话框

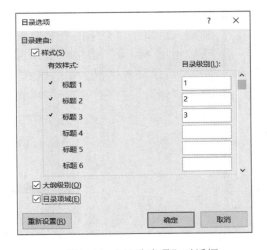

图 3-20 "目录选项"对话框

⑤ 选中"样式""大纲级别"和"目录项域"复选框。单击"确定"按钮，退出"目录选项"对话框。

⑥ 单击"确定"按钮，在"绪论"之前自动生成了论文目录，如图 3-21 所示。

目录中包含相应的标题和页码，按住 Ctrl 键单击某个标题，就可以定位到相应的位置。

4. 修改目录样式

如果对生成的目录格式做统一修改，则和普通文本的格式设置方法一样；如果要分别对目录中的标题 1 和标题 2 等的格式进行不同的设置，则需要修改目录样式。

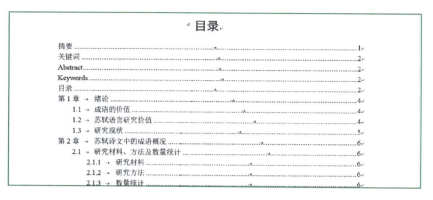

图 3-21 目录

按表 3-6 的要求，修改目录样式。

表 3-6 目录样式修改要求

样式名称	字体格式	段落格式
目录 1	小四号	段前、段后 0.5 行，单倍行距
目录 2		1.5 倍行距

具体操作步骤如下。

① 将插入点置于目录中的任意位置。

② 在"引用→目录"组中单击"目录"按钮，在弹出的下拉菜单中选择"自定义目录"命令，打开"目录"对话框，在"格式"下拉列表框中选择"来自模板"选项。

③ 单击"修改"按钮，打开"样式"对话框，如图 3-22 所示。

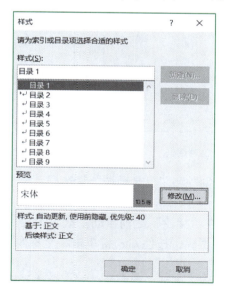

图 3-22 "样式"对话框

④ 在"样式"列表框中选择"目录 1"选项，单击"修改"选项，在弹出的"修改样式"

对话框中按要求进行相应的修改。

⑤ 用相同的方法修改目录 2。

⑥ 连续单击"确定"按钮，依次退出"修改样式""样式"和"目录"对话框，目录得到了相应的更新。

5. 删除目录

如果要删除自动生成的目录，可以在"引用→目录"组中单击"目录"按钮，在弹出的下拉菜单中选择"删除目录"命令。

3.2.7　页眉和页脚

在阅读一本书时，通常会发现前言、目录、正文和附录等部分设置了不同的页眉和页脚。如果直接设置页眉和页脚，则整个文档都是一样的。那么如何为文档的不同部分设置不同的页眉和页脚呢？解决这一问题的关键，就是使用分节符。

节是文档格式化的最大单位，同一节的页面设置相同。默认情况下，整个文档就是一节。分节符是插入到文档中的一种标记，它的作用就是把文档分成几个部分。如图 3-23 所示，分节符分为以下几种。

图 3-23　分节符

下一页：表示下一节另起一页。

连续：表示下一节另起一行。

偶数页：表示下一节在当前页后的下一个偶数页开始。

奇数页：表示下一节在当前页后的下一个奇数页开始。

按表 3-7 所示要求制作论文的页眉和页脚。

表 3-7　页眉和页脚要求

论文组成部分	页眉		页脚
	偶数页	奇数页	
封面	无		无
摘要 Abstract 目录			罗马数字页码 页面底端，居中 起始页码为 I
正文	🌲顺德职业技术学院 毕业论文	章编号+两个空格+章名	阿拉伯数字页码 页面底端，外侧 起始页码为 1
参考文献 致谢		章名	

1. 插入分节符

如图 3-24 所示，在"摘要"之前插入"分节符（奇数页）"，在"绪论"之前插入"分节符（奇数页）"，在"参考文献"之前插入"分节符（连续）"，将论文分为 4 节。

具体操作步骤如下。

① 将插入点置于"摘要"前面。

微课 3-5
设置页眉页脚
——分节

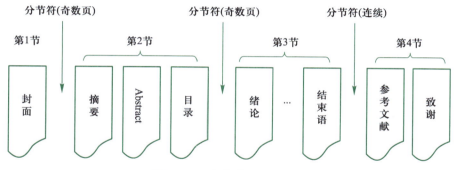

图 3-24 "分节符"插入位置

② 在"布局→页面设置"组中单击"分隔符"按钮，打开"分隔符"下拉列表框。在"分节符"选项组中选择"奇数页"选项。

③ 用同样的方法，在"绪论"前面插入一个"分节符（奇数页）"，在"参考文献"前面插入一个"分节符（连续）"。

经过以上操作，整篇文档按节分成了 4 部分。接下来就可以根据需要对各部分进行不同的页面格式设置了。

2. 插入分页符

论文的中英文摘要、目录以及每一章都要从新的一页开始。其中，章名所用的样式"标题1"已设置了段前分页，中文摘要前面插入的"分节符（奇数页）"也起到了分页的作用。剩下的英文摘要和目录前面需插入分页符来分页。具体操作步骤如下。

① 将插入点置于"Abstract"前面。

② 在"布局→页面设置"组中单击"分隔符"按钮，打开"分隔符"下拉列表框。在"分页符"选项组中选择"分页符"选项。

③ 用同样的方法，在"目录"前面插入一个"分页符"。

> 🖎 注意
>
> 有的分节符也能起到分页的作用，但两者的性质完全不同。分页符只是单纯分页；分节符可以起到分页作用，同时又能把文档分成不同部分，可以对各部分进行不同的页面格式设置。

3. 添加页脚

（1）进入页脚编辑状态

具体操作步骤如下。

① 将插入点置于第 2 节文档中。

② 在"插入→页眉和页脚"组中单击"页脚"按钮，在打开的下拉菜单中选择"编辑页脚"命令，进入页脚编辑状态，如图 3-25 所示。

微课 3-6
设置页眉页脚
——添加页脚

图 3-25 页脚编辑状态

此时自动打开了"页眉和页脚工具/设计"选项卡，如图 3-26 所示。

图 3-26 "页眉和页脚工具/设计"选项卡

双击文档页面的底部区域也可进入页脚编辑状态。

（2）断开各节之间的页脚链接

具体操作步骤如下。

① 进入如图 3-25 所示的"奇数页页脚-第 2 节"的编辑状态，单击如图 3-26 所示的"页眉和页脚工具/设计→导航"组中的"链接到前一条页眉"按钮，断开第 2 节奇数页页脚与第 1 节奇数页页脚之间的链接，此时页脚右侧的"与上一节相同"字样消失。

② 在"导航"组中单击"下一节"按钮，进入第 2 节偶数页页脚的编辑状态，单击"链接到前一条页眉"按钮，断开第 2 节偶数页页脚与第 1 节偶数页页脚之间的链接。

③ 单击"下一节"按钮，进入第 3 节奇数页页脚编辑状态，单击"链接到前一条页眉"按钮，断开第 3 节奇数页页脚与第 2 节奇数页页脚之间的链接。

④ 单击"下一节"按钮，进入第 3 节偶数页页脚编辑状态，单击"链接到前一条页眉"按钮，断开第 3 节偶数页页脚与第 2 节偶数页页脚之间的链接。

> 📗说明
>
> 第 4 节与第 3 节页脚相同，所以不需要断开第 4 节页脚与第 3 节页脚之间的链接。

（3）设置摘要和目录的页码

具体操作步骤如下。

① 进入中英文摘要和目录所在的第 2 节奇数页页脚的编辑状态，确保页脚右侧的"与上一节相同"字样消失。

② 在"页眉和页脚工具/设计→页眉和页脚"组中单击"页码"按钮，在打开的下拉菜单中选择"设置页码格式"命令，打开"页码格式"对话框。在"编码格式"下拉列表框中，选择"Ⅰ，Ⅱ，Ⅲ，…"选项；在"页码编号"选项组中，选中"起始页码"单选按钮，将起始页码设置为"Ⅰ"，如图 3-27 所示。单击"确定"按钮。

③ 在"页眉和页脚工具/设计→页眉和页脚"组中单击"页码"按钮，在打开的下拉菜单中选择"页面底端→普通数字 2"选项，在第 2 节奇数页的页脚中间插入页码"Ⅰ"。

④ 单击"下一节"按钮，进入第 2 节偶数页页脚，在第 2 节偶数页页脚中间插入页码。

结果如图 3-28 所示。

图 3-27 "页码格式"对话框

4.2 为质世或语提供语源和意义 21
4.2.1 提供语源 21

图 3-28 摘要与目录部分页脚

（4）设置正文的页码

具体操作步骤如下。

① 单击"下一节"按钮，进入正文所在的第 3 节奇数页页脚的编辑状态，确保页脚右侧的"与上一节相同"字样消失。

② 在"页眉和页脚工具/设计→页眉和页脚"组中单击"页码"按钮，在打开的下拉菜单中选择"设置页码格式"命令，打开"页码格式"对话框。在"编码格式"下拉列表框中，选择"1,2,3,…"选项；在"页码编号"选项组中，选择"起始页码"单选按钮，将起始页码设置为"1"。单击"确定"按钮。

③ 在"页眉和页脚工具/设计→页眉和页脚"组中单击"页码"按钮，在打开的下拉菜单中选择"页面底端→普通数字 3"选项，在第 3 节奇数页的页脚右侧插入页码"1"。

④ 单击"下一节"按钮，进入第 3 节偶数页页脚，在第 3 节偶数页页脚左侧插入页码。结果如图 3-29 所示。

图 3-29 正文部分页脚

说明

因第 4 节页脚"与上一节相同"，所以第 4 节页码自动与第 3 节的设置相同。

（5）退出页脚编辑状态

在"页眉和页脚工具/设计→关闭"组中单击"关闭页眉和页脚"按钮。双击文档区域也可以退出页脚编辑状态。

4. 添加页眉

（1）进入页眉编辑状态

具体操作步骤如下。

① 将插入点置于第 3 节文档中。

② 在"插入→页眉和页脚"组中单击"页眉"按钮，在打开的下拉菜单中选择"编辑页眉"命令，进入页眉编辑状态，如图 3-30 所示。

微课 3-7
设置页眉页脚
——添加页眉

图 3-30 "页眉"编辑状态

双击文档页面的顶部区域也可进入"页眉"编辑状态。

（2）断开各节之间的页眉链接

具体操作步骤如下。

① 断开第 3 节奇数页页眉与第 2 节奇数页页眉之间的链接。

② 断开第 3 节偶数页页眉与第 2 节偶数页页眉之间的链接。

③ 断开第 4 节奇数页页眉与第 3 节奇数页页眉之间的链接。

📗**说明** ●────────

第 4 节偶数页与第 3 节偶数页页眉相同，所以不需要断开第 4 节偶数页页眉与第 3 节偶数页页眉之间的链接。

（3）添加偶数页页眉

具体操作步骤如下。

① 进入第 3 节偶数页页眉的编辑状态，将插入点置于页眉中。

② 插入图片 logo.jpg，图片高度设为 0.5 厘米。然后输入"顺德职业技术学院毕业论文"。结果如图 3-31 所示。

图 3-31　论文正文中的偶数页页眉

（4）添加奇数页页眉

具体操作步骤如下。

① 进入第 3 节奇数页页眉的编辑状态，将插入点置于页眉中。

② 在"页眉和页脚工具/设计→插入"组中单击"文档部件"按钮，在弹出的下拉菜单中选择"域"命令，打开"域"对话框。在"类别"下拉列表框中选择"链接与引用"选项，在"域名"列表框中选择"StyleRef"选项，在"样式名"列表框中选择"标题 1"选项，如图 3-32 所示。单击"确定"按钮，可以看到在奇数页页眉中出现了论文当前位置中标题 1 的内容。

③ 将插入点置于章名的左侧，重复上一步骤，在图 3-32 所示的对话框中，在"样式名"列表框中选择"标题 1"的同时选中"插入段落编号"复选框，单击"确定"按钮。这样当前位置中标题 1 的编号（如"第 1 章"）就出现在了章名左侧。在章名前插入 2 个空格，结果如图 3-33 所示。

④ 进入第 4 节奇数页页眉的编辑状态，将插入点置于页眉中。用以上方法插入章名作为页眉。结果如图 3-34 所示。

（5）退出页眉编辑状态

同退出页脚编辑状态。

图 3-32 "域"对话框

图 3-33 论文正文中的奇数页页眉

图 3-34 参考文献和致谢部分的奇数页页眉

3.2.8 题注

题注是对图片、表格和公式等对象的简短描述，用于标注和引用对象。先为对象插入题注，才能在其他地方引用，如"如图 1-1"和"见表 2-3"等。

插入题注的方法有自动插入题注和手动插入题注。

1. 插入题注

（1）自动插入题注

在"2.1.3 数量统计"小节的第 2 段插入如图 3-35 所示的表格，要求在插入表格时自动插入题注，包括标签和编号。

微课 3-8
自动插入题注

表·2-1··词典中苏轼所创成语的数量统计

收录词典	词典版本	数量
《中国成语大辞典》	上海辞书出版社，2007	83
《汉语成语大词典》	中华书局，2002	62
《汉语成语考释词典》	商务印书馆，1989	80

图 3-35　插入表格

具体操作步骤如下。

① 在"引用→题注"组中单击"插入题注"按钮，打开"题注"对话框，如图 3-36 所示。

② 单击"自动插入题注"按钮，打开"自动插入题注"对话框，在"插入时添加题注"中选中"Microsoft Word 表格"复选框，如图 3-37 所示。

图 3-36　"题注"对话框　　　　　　　　　图 3-37　"自动插入题注"对话框

③ 在"使用标签"下拉列表框中选择"表"选项。如没有"表"选项，可以单击"新建标签"按钮，在打开的"新建标签"对话框中创建一个，如图 3-38 所示。

④ 在"位置"下拉列表框中选择"项目上方"选项。

⑤ 单击"编号"按钮，打开"题注编号"对话框，如图 3-39 所示。在"格式"下拉列表框中选择"1,2,3,…"选项；选中"包含章节号"复选框，并在"章节起始样式"下拉列表框中选择"标题 1"选项。单击"确定"按钮。

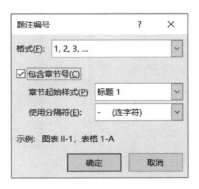

图 3-38　"新建标签"对话框　　　　　　　图 3-39　"题注编号"对话框

⑥ 单击"确定"按钮，关闭"自动插入题注"对话框。

经过以上设置，在插入表格时，就会在表格上方自动插入题注。

⑦ 将插入点置于"2.1.3 数量统计"小节的第 2 段，插入 4 行 3 列的表格，同时自动插入题注，如图 3-40 所示。

图 3-40　插入表格时自动插入了题注

⑧ 输入题注文字，修改"题注"对齐方式为居中。输入表格内容并设置格式，结果如图 3-35 所示。

（2）手动插入题注

在"2.1.3 数量统计"小节的最后一段插入图片"图表.jpg"，并在图片下方插入题注。

具体操作步骤如下。

① 将插入点置于"2.1.3 数量统计"小节的最后一段，插入图片"图表.jpg"，设置合适大小，对齐方式设为居中（可以通过新建样式设置）。

② 在图片下方插入空行，在"引用→题注"组中单击"插入题注"按钮，打开"题注"对话框。

③ 在"标签"下拉列表框中选择"图"选项。如没有"图"选项，可以单击"新建标签"按钮创建一个。

④ 单击"编号"按钮，打开"题注编号"对话框，在"格式"下拉列表框中选择"1,2,3,…"选项；选中"包含章节号"复选框，并在"章节起始样式"下拉列表框中选择"标题 1"选项。单击"确定"按钮。

⑤ 单击"确定"按钮，在图片下方就插入了题注，如图 3-41 所示。

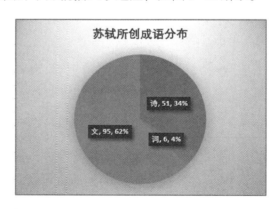

图·2-1↵

图 3-41　为图片插入题注

⑥ 输入题注文字，结果如图 3-42 所示。

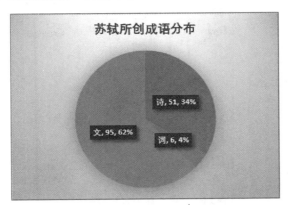

图 3-42　插入图片结果

2. 创建交叉引用

交叉引用可以将插图、表格等内容与相关正文的说明文字建立对应关系，从而为编辑操作提供自动更新的方便手段。

在文档中通过交叉引用插入图片题注的标签和编号。

具体操作步骤如下。

① 将插入点置于 "2.1.3 数量统计" 小节正文最后一段中的 "如" 和 "所示" 之间。

② 在 "引用" → "题注" 组中，单击 "交叉引用" 按钮，打开 "交叉引用" 对话框。

③ 在 "引用类型" 下拉列表框中选择 "图" 选项，"引用内容" 下拉列表框中选择 "只有标签和编号" 选项，在 "引用哪一个编号项" 中选择该图片对应的题注，如图 3-43 所示。

图 3-43　"交叉引用" 对话框

④ 单击 "插入" 按钮，即在文档中插入了该图片题注的标签和编号，如图 3-44 所示。

苏轼所创成语在诗、词、文中的分布情况如图 2-1 所示。
苏轼所创成语分布
诗, 51, 34%
文, 95, 62%
词, 6, 4%
图 2-1 苏轼所创成语在诗、词、文中的分布情况

图 3-44 使用交叉引用

如果还要插入其他交叉引用，重复以上步骤。交叉引用插入完毕后，单击“取消”按钮。

3.2.9 公式及自动编号

微课 3-9
插入公式

公式也是论文中一个常见的要素，公式的处理与图、表类似。

在“2.2.2 引用方式”小节的第 2 段插入任一公式，并在第 1 段的“如公式”和“所示”之间通过交叉引用插入公式编号。要求公式居中，自动进行编号，编号用圆括号括起来放在行末右对齐。

设置制表位：

公式要求居中，公式编号要求在行末右对齐，具体要利用制表位来实现。

制表位是指水平标尺上的位置，它指定了文字缩进的距离或一栏文字开始的位置。制表位的类型包括左对齐、居中对齐、右对齐、小数点对齐和竖线对齐等。

具体操作步骤如下。

① 在“视图→显示”组中选中“标尺”复选框，把标尺显示出来。

② 将插入点置于要插入公式的段落。

③ 在“开始→段落”组中单击右下角的对话框启动按钮，打开“段落”对话框。单击左下角的“制表位”按钮，打开“制表位”对话框。

④ 在“制表位位置”文本框中输入 20，“对齐方式”选中“居中”单选按钮，单击“设置”按钮，设置居中制表位，如图 3-45 所示。

⑤ 在“制表位位置”文本框中输入 40，“对齐方式”选中“右对齐”单选按钮，单击“设置”按钮，设置右对齐制表位。

⑥ 单击“确定”按钮，在水平标尺就可以看到制表位，如图 3-46 所示。

也可用以下方法设置。

① 将插入点置于要插入公式的段落。

② 单击页面左上角的制表位图标，切换到居中制表位，在水平标尺上大约中间的位置单击一下，这样就在指定的地方放置了一个居中制表位，可以用鼠标拖动调节位置。

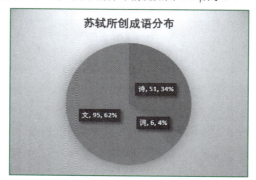

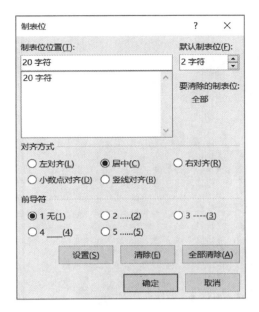

图 3-45 "制表位"对话框

图 3-46 设置了制表位的水平标尺

③ 把左上角的制表位图标切换到右对齐制表位，放置一个右对齐制表位在行末。

补充：

若想精确设置制表位位置，可以通过计算版心大小来设置。例如纸张为 A4，左右页边距均为 2.5 厘米，装订线位于左侧 1 厘米，则页面版心宽度为 21 厘米-2.5 厘米*2-1 厘米=15 厘米，设置居中制表位 7.5 厘米，右对齐制表位 15 厘米即可。

（1）新建"公式"样式

可以将制表位位置的设置保存为样式，插入公式时应用此样式，既简单又方便，而且可以保证所有的公式对齐。

具体操作步骤如下。

① 公式段落的制表位设置好后，将插入点置于该段落。

② 在"开始→样式"组中，单击右下角的对话框启动按钮，打开"样式"窗格。

③ 单击左下角的"新建样式"按钮，打开"根据格式化创建新样式"对话框，如图 3-47 所示。

④ 在"名称"文本框中输入"公式"，单击"确定"按钮，就创建了新样式"公式"。

（2）插入公式

具体操作步骤如下。

① 将插入点置于要插入公式的段落，应用"公式"样式。

② 按 Tab 键，定位到插入公式的位置。

图 3-47　"根据格式设置创建新样式"对话框

③ 在"插入→符号"组中单击"公式"按钮，插入公式。此时公式以居中制表位为中心居中对齐，如图 3-48 所示。

（3）插入公式编号

具体操作步骤如下。

① 将插入点置于公式的后面，按 Tab 键，定位到需要插入公式编号的位置。

$$a^2 + b^2 = c^2$$

图 3-48　使用了居中制表位的公式

> **注意**
>
> 此时若直接通过"插入题注"插入编号，在使用"交叉引用"引用公式编号时，不管选择"整项题注"还是"只有标签和编号"，实际插入的都是公式和公式编号。

这是因为，在同一个段落，Word 只支持一种样式。把公式和编号放在同一行，在插入题注时，这一行（包括公式）的样式就变成了题注。在交叉引用时，Word 根据"题注"样式选择要插入的文本。如果选择"整项题注"，就插入编号所在段落的所有文本；如果选择"只有标签和编号"，就插入编号以及编号前的所有文本。

正确的操作方法是将一行公式定义为两种样式，其中编号采用"题注"样式。

② 按 Enter 键。

③ 插入一对括号，并将插入点置于括号中。

④ 在"引用→题注"组中，单击"插入题注"按钮，打开"题注"对话框。

⑤ 在"标签"下拉列表框中选择"公式"选项，选中"题注中不包含标签"复选框。

⑥ 单击"编号"按钮，打开"题注编号"对话框。在"格式"下拉列表框中选择"1,2,3,…"选项；取消选中"包含章节号"复选框。单击"确定"按钮。

⑦ 单击"确定"按钮，在公式下面的行中就插入了编号，如图 3-49 所示。这时公式编号行是"题注"样式，公式行还是原来的样式。

$$a^2 + b^2 = c^2$$

$$(1)↵$$

图 3-49　插入公式编号

⑧ 将插入点置于公式行的行尾，按 Ctrl+Alt+Enter 组合键插入一个样式分隔符。这时公式编号行会连到公式行的末尾，看上去就是在同一行，但一行中有两种样式。如图 3-50 所示。

$$a^2 + b^2 = c^2 \qquad → \qquad (1)↵$$

图 3-50　插入样式分隔符

经过以上设置，若公式或编号的长度发生变化时，Word 会自动调节，使公式始终在页面的中间，编号始终在行末。

（4）引用公式编号

具体操作步骤如下。

① 将插入点置于要引用公式编号的位置。

② 在"引用→题注"组中选择"交叉引用"命令，引用公式编号，可以选择"整项题注"引用公式编号行的所有内容。如图 3-51 所示。

图 3-51　"交叉引用"对话框

> 💬 说明
> 插入公式流程：Tab→插入公式→Tab→Enter→插入题注→Ctrl+Alt+Enter→交叉引用

3.2.10 脚注和尾注

在文档中，有时要为某些文本添加注解以说明该文本的含义或来源，这种注解说明在 Word 中就称为脚注和尾注。脚注一般位于一页文档的底端，可以对当前页内容进行解释，适用于对文档中的难点进行说明；而尾注一般位于文档的末尾，常用来列出文章或图书的参考文献等。

在"1.1 成语的价值"节第 2 段中"大多由四个字组成，一般都有出处。"的后面添加脚注，效果如图 3-52 所示。

①《现代汉语词典》北京：商务印书馆，2006 年，第 173 页。

图 3-52　脚注

具体操作步骤如下。

① 将插入点置于要添加脚注的文字之后。

② 在"引用→脚注"组中单击右下角的对话框启动器按钮 ⌐，打开"脚注和尾注"对话框，如图 3-53 所示。

③ 在"位置"选项组中选择"脚注"单选按钮，在"格式"选项组中选择"编号格式"为"①,②,③…"，单击"插入"按钮，插入点自动置于底部的脚注编辑位置。

④ 输入脚注文字。

⑤ 单击文档编辑窗口任意位置，退出脚注编辑状态，完成插入脚注的工作。

3.2.11 其他

1. 图、表目录

在文档中也可以根据需要插入图、表的目录。具体通过"引用→题注"组中的"插入表目录"命令来实现。

2. 更新域

章节自动编号、目录、题注和交叉引用都是 Word 域。域是文档中的变量，Word 使用域来进行文档自动化编辑。

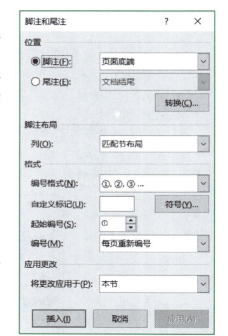

图 3-53　"脚注和尾注"对话框

论文在经过修改后，要注意及时更新域。具体方法为：选中全文，单击右键，在打开的快捷菜单中选择"更新域"命令。

3. 修订

论文撰写过程中，要经常修改。在修改前让文档处于修订状态，可以很方便地查看所做的修改，并选择"接受"或"拒绝"修订。

在"审阅→修订"组中单击"修订"按钮，就可以进入修订状态。

4. 主题

应用主题可以快速定制文档风格，轻松使文档具有专业外观，但应用主题后会影响文档中正在使用的样式。

应用主题的方法是：在"设计→文档格式"组中单击"主题"按钮，打开 Word 提供的内置主题库，从中选择一个与文档内容相符的主题。

5. 封面库

如果长文档没有规定的封面，可以利用封面库快速添加封面。

Word 提供了一个封面库，其中包含预先设计好的各种封面。在"插入→页面"组中单击"封面"按钮，就可以打开封面库。

6. 页面边框

给论文封面设置页面边框。

具体操作步骤如下。

① 在"设计→页面背景"组中单击"页面边框"按钮，打开"边框与底纹"对话框。

② 在"页面边框"选项卡中进行如图 3-54 所示设置。注意，"应用于"要选择"本节"选项。

7. 用表格布局

对于一些不太规则的内容，用表格布局可以很方便地实现对齐等操作。

封面中的论文信息就用了表格布局。如图 3-55 所示。

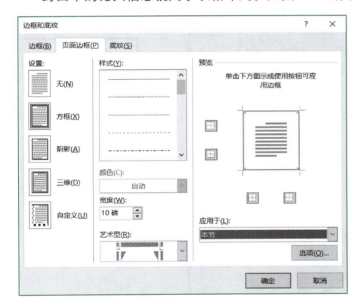

学　　　院	人文学院
年 级 专 业	18 文秘
学 生 姓 名	李曼
指 导 教 师	肖瑞峰
教研室主任	李树林
答 辩 日 期	2021-6-6

图 3-54 "边框和底纹"对话框　　　　　图 3-55 用表格布局

可以看到，表格内容因为字数不同，用插入空格的方法很难对齐，而用表格就可以很容易实现。表格的边框可以根据需要进行设置。

8. 页眉中的横线

页眉中的横线属于页眉的段落边框，可以在段落边框设置中去除。

9. 文档属性

文档属性有助于了解文档的有关信息，如文档的标题、作者、文件长度、创建日期、最后修改日期和统计信息等。

在"文件→信息"组中单击窗口右侧的"属性"下拉按钮，在打开的下拉菜单中选择"高级属性"命令，打开"属性"对话框。在"摘要"选项卡中分别填写文档的标题、作者及单位。

有了以上设置，在以后的文档编辑中就可以利用插入域的方法插入文档属性了。

10. 论文模板

按要求对毕业论文进行了编辑排版后，就可以创建论文模板了，目的是方便共享，避免重复的格式设置。

（1）根据论文创建论文模板

根据排好版的论文文档创建论文模板。

具体操作步骤如下。

① 把"论文.docx"另存为"论文模板 dotx"（"保存类型"选择"Word 模板"选项）。

② 删除模板中的所有内容，保存文件。

（2）利用论文模板创建文档

利用论文模板创建文档。

双击"论文模板.dotx"，将自动新建一个基于该模板的文档。

新文档已按要求的论文格式设置好了页面属性、样式及其他格式。用户只需输入文本并应用相关的样式即可。

本 章 小 结

长文档排版主要解决两个问题，一个是提高效率，主要通过样式实现。使用样式，可以实现批量修改格式、章节自动编号和自动目录的操作，页眉页脚、图表自动编号也离不开样式。

另一个是不同区域设置不同的页面格式，这要通过分节来实现。

习 题 3

习题参考答案

1. 本章案例中，若章、节和小节不使用内置样式，全部新建，应该如何处理？
2. 中英文摘要之间本应插入分页符，若插入的是"分节符（下一页）"，页眉页脚如何设置？

第 **4** 章

制作电子报

制作电子报

PPT

电子报刊是运用各类文字、绘画、图形及图像处理软件，参照电子出版物的有关标准，制作的电子报或电子期刊。一般来说，电子报应该含有报头（报刊名、刊号、出版单位或出版人、版面数和出版日期等）、报眼（导读栏）和报体等报纸刊物所应包含的有关要素。

制作主题式电子报是 Word 应用的一个典型案例。

4.1 任务描述 ▽

电子报主要以文字表达为主，辅之以适当的图片、视频或动画。电子报的制作一般包括以下几个步骤：

① 确定电子报的主题。
② 搜索素材（文字材料、图片材料、音像材料及其他）。
③ 规划和设计版面。
④ 编排电子报的内容。
⑤ 优化电子报的效果。
⑥ 制作导读栏。

本任务以虚拟的报名——"海洲环境报"为例，制作"保护地球环境"为主题的、具有多媒体效果的电子报。为便于学习和操作，将任务分解为 4 个子任务。

1. 规划和设计版面

完成电子报版面的总体规划。在各个版面中插入定位文本框，设定文本框的编号、类型、用途和大小，完成版面的设计。

2. 编排各版面内容

完成报头制作。把准备好的素材按主题填充到各个版面进行编排。

3. 优化电子报的效果

为电子报添加"保护地球环境"的宣传视频和 Flash 动画等多媒体元素。微调定位文本框的大小，取消部分定位文本框的边框线，完成电子报的视觉效果优化工作。

4. 制作导读栏

为各版面的标题插入书签，在导读栏设置超链接，以方便读者快速阅读电子报。

完成后的电子报第 1 版和第 4 版的效果如图 4-1 所示，第 2 版和第 3 版的效果如图 4-2 所示。

第 1 版和第 4 版素材

图 4-1　电子报第 1 版和第 4 版的效果

第 2 版和第 3 版素材

图 4-2　电子报第 2 版和第 3 版的效果

4.2 任务实施 ▼

4.2.1 规划和设计版面

微课 4-1
电子报 4 版面
主体定位

1. 总体规划

电子报一般采用 A3、A4 或 B5 型纸。"海洲环境报"包含两页 A3 型纸（高为 29.7 cm、宽为 42 cm）、4 版内容，使用无框线的文本框来设置版面。

步骤如下。

① 新建"海州环境报.docx"文档。

② 设置文档的页面：纸张 A3、横向、左右边距 1.8 cm、上下边距 2 cm。

③ 插入文本框。每页插入两个文本框，用于定位排版。文本框高为 26 cm、宽为 18.55 cm（先保留边框线以便于排版操作，最后再调整为无边框线）。版面的总体规划效果如图 4-3 所示。

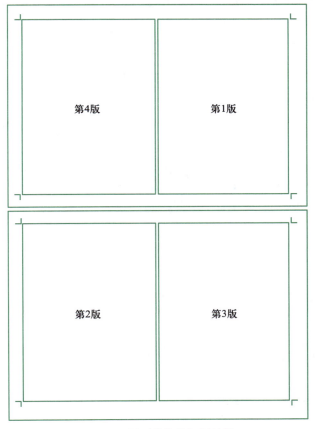

图 4-3　版面的总体规划效果

2. 电子报第 1 版的版面设计

电子报第 1 版的内容包括报头（报刊名、刊号、出版单位或出版人、出版日期、刊数等）、导读栏和报体（正文和标题）等。报体主要包括"世界水资源现状"和"保护水资源经验"两方面内容。

设计和定位版面所需的文本框的编号、类型、填充内容和参数如表 4-1 所示，版面设计的情况如图 4-4 所示。

表 4-1 电子报第 1 版版面设计所需文本框的编号、类型、填充内容、参数

文本框编号	文本框类型	填充内容	文本框参数（高×宽）
1	横排	报刊名或 Logo	2.5 cm×13.85 cm
2	横排	出版日期、期数等	2.5 cm×4.2 cm
3	横排	出版单位、刊号等	0.8 cm×16 cm
4	横排	花边	0.85 cm×17.8 cm
5	横排	标题（报体）	1.1 cm×9.3 cm
6	横排	正文（报体）	13 cm×6.2 cm
7	横排	正文（报体）	13 cm×6.2 cm
8	横排	报眼（导读栏）	8.1 cm×5.68 cm
9	横排	宣传图片（报体）	5.43 cm×5.68 cm
10	横排	Flash 动画（报体）	2.8 cm×18 cm
11	竖排	标题+正文（报体）	3.8 cm×18.3 cm

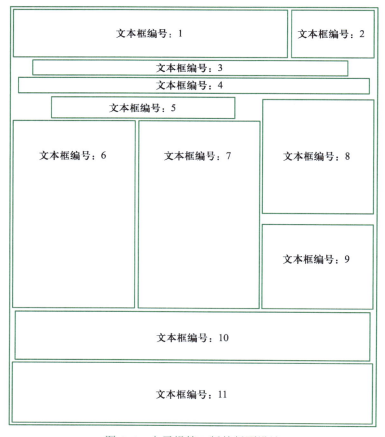

微课 4-2
电子报各版
面定位

图 4-4 电子报第 1 版的版面设计

3. 电子报第 2 版的版面设计

电子报第 2 版报体主要包括"野生动植物资源"和"保护野生动植物资源"两方面内容。

设计和定位版面所需的文本框的编号、类型、填充内容和参数如表 4-2 所示，版面设计的情况如图 4-5 所示。

表 4-2　电子报第 2 版版面设计所需文本框的编号、类型、填充内容、参数

文本框编号	文本框类型	填充内容	文本框参数（高×宽）
1	横排	花边	0.82 cm×18.5 cm
2	横排	标题+正文	24.9 cm×5.8 cm
3	横排	标题+正文	24.9 cm×5.8 cm
4	横排	正文	24.9 cm×6.5 cm

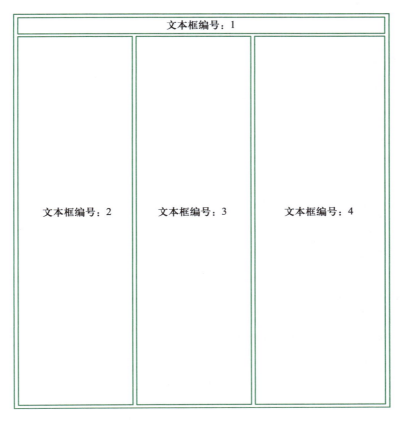

图 4-5　电子报第 2 版的版面设计

4. 电子报第 3 版的版面设计

电子报第 3 版的报体主要包括"温室效应的机理"和"全球变暖的对策"两方面内容。

设计和定位版面所需文本框的编号、类型、填充内容和参数如表 4-3 所示。版面设计的情况如图 4-6 所示。

表 4-3 电子报第 3 版版面设计所需文本框的编号、类型、填充内容、参数

文本框编号	文本框类型	填充内容	文本框参数（高×宽）
1	横排	花边	0.85 cm×17.8 cm
2	横排	正文	9.8 cm×5.9 cm
3	横排	正文	9.8 cm×5.9 cm
4	横排	标题+图片	6.38 cm×6.28 cm
5	横排	正文	3.28 cm×6.28 cm
6	横排	花边	0.85 cm×17.8 cm
7	横排	正文	9.36 cm×5.72 cm
8	横排	正文	9.36 cm×5.72 cm
9	横排	图片	2.8 cm×6.6 cm
10	横排	宣传视频	6.5 m×6.6 cm
11	竖排	标题+正文	4.4 cm×18.4 cm

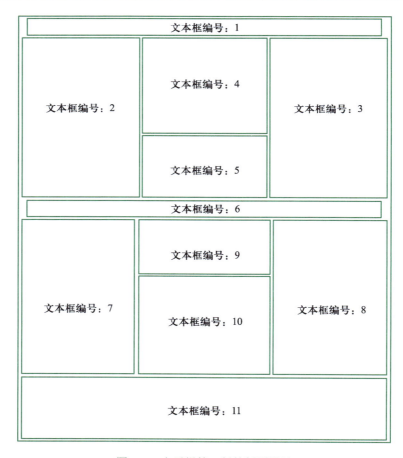

图 4-6 电子报第 3 版的版面设计

5. 电子报第 4 版的版面设计

电子报第 4 版的报体主要包括"坚持低碳生活"和"建设生态城市"两方面内容。

版面设计的情况与第 2 版相同。

4.2.2 编排各版面内容

1. 制作报头

（1）制作报刊名

在第 1 版的编号 1 的文本框中插入艺术字"海洲环境报"，将其设置为方正舒体、65 磅、字体颜色为浅绿，轮廓颜色为黑色，文本效果为阴影向右偏移。

（2）输入出版日期、期数等信息并设置字体格式

在第 1 版编号 2 的文本框中输入文字"2021 年四月版，第四期[总第 5 期]，2021 年 4 月 3 日"，设置为华文中宋、五号、加粗。

设置文本框的线型宽度为 3 磅。

微课 4-3
文字图片填充

（3）填写主办单位、刊号等信息

本报的主办单位、刊号等信息为虚拟信息。在第 1 版编号为 3 文本框中输入文字"主办：海洲环境协会，出版：海洲出版社，主编：张华，E-mail：zhhz@hz.com，刊号：CN66-8888"，设置为幼圆、五号。

（4）添加花边图片

在第 1 版编号 4 文本框中，插入花边图片，完成报头制作。

报头的制作效果如图 4-7 所示。

图 4-7　报头效果图

2. 填充各个版面的报体内容

首先，按照设计好的版面把准备好的"保护地球环境"的素材分别填充到文本框里（文字使用复制方式，图片使用插入方式）。

接着，进行字体和段落格式的设置。设置本报正文的字体为宋体、五号，段落为首行缩进、1.5 倍行距；设置文字标题的字体为小三或四号。如果遇到文字内容与文本框大小不相适应的情况，则必须对文本框里的文字、图片进行合理调整。调整的方法主要有以下几种：

① 使用创建文本框链接方法实现文本的跳转。

② 把文本框中超出范围的文本剪切到文本较少的文本框。

③ 在不影响图片显示效果的前提下，适当调整图片大小。

④ 在不影响版面美观的前提下，修改字体的缩放比例和字号。

⑤ 在不影响版面美观的前提下，调整段落的行距。

本案例主要采用第①种方法——创建文本框链接。

文本框的链接就是把两个以上的文本框链接在一起，不管它们的位置相隔多远，如果文字在上一个文本框中排满，则在链接的下一个文本框中接着排下去。

为第 1 版编号 6 文本框和编号 7 文本框创建文本框链接，具体操作为，选中编号 6 文本框，选择"绘图工具"→"格式"→"文本"→"创建链接"命令，如图 4-8 所示，此时鼠标指针变成茶杯状，再将鼠标移至编号 7 文本框中（此时鼠标指针成茶杯倾倒状）后单击。如果需要创建编号 7 文本框的下一个链接文本框，则采用相同方法继续操作。这里不需要创建编号 7 的下一个文本框链接。

> **注意**
>
> 创建文本框链接时，目标文本框（编号 7 文本框）必须为空，否则会出现"目标文本框不空，您只能链接到空文本框"的提示信息，提示对话框如图 4-9 所示。

图 4-8　选择"创建链接"命令

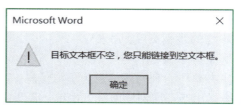

图 4-9　目标文本框不空的提示对话框

在编排各个版面内容时，均可采用创建文本框链接的方法。

微课 4-4
电子报插入视
频 Flash 动画

4.2.3　优化电子报的效果

在编排各版面内容后，可以为电子报添加宣传视频和 Flash 动画等多媒体元素，适当调整定位文本框的大小和位置，设置部分定位文本框为无边框线文本框，完成电子报的视觉效果优化工作。

1. 添加宣传视频

在第 3 版编号 10 文本框的位置添加宣传视频，操作步骤如下。

① 设置插入点。由于在文本框中不能直接插入视频，所以把插入点设置在"海洲环境报.docx"文档第 3 页的任一空白处。

② 选择"开发工具"→"旧式工具"→"其他控件"命令，如图 4-10 所示，弹出"其他控件"对话框。

图 4-10　其他控件

③ 在弹出的"其他控件"对话框中选择 Windows Media Player 选项，单击"确定"按钮。如图 4-11 所示。此时，文档出现了视频控件。

④ 右击视频控件，在弹出的快捷菜单中选择"属性"命令，快捷菜单如图 4-12 所示。

⑤ 在弹出的"属性"对话框中的 URL 栏输入视频的路径和文件名，其他采用默认设置。如果视频和文档处于同一目录，可以使用相对路径，直接输入视频的文件名"环境保护.mov"即可。如图 4-13 所示。

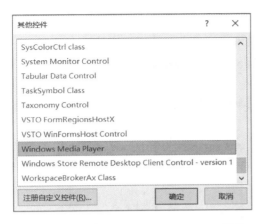

图 4-11 选择 Windows Media Player 控件

图 4-12 视频控件快捷菜单

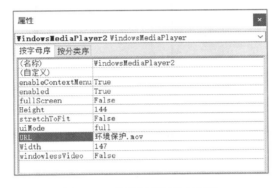

图 4-13 设置视频控件的属性

⑥ 继续右击视频控件，在弹出的快捷菜单中选择"设置自选图形/图片格式"命令，设置控件的高度为 6.39 cm、宽度为 6.52 cm、文字环绕方式为"浮于文字上方"。

⑦ 把视频控件移动到第 3 版编号为 10 的文本框中。

操作完成后，就可以播放添加的视频。视频播放效果如图 4-14 所示。

图 4-14 视频播放效果

2. 添加 Flash 动画

在第 1 版编号为 10 的文本框中添加 Flash 动画，操作步骤如下。

① 设置插入点。把插入点设置在"海州环境报.docx"文档第 3 页的任一空白处。

② 选择"开发工具"→"旧式工具"→"其他控件"命令。

③ 在弹出的"其他控件"对话框中选择"Shockwave Flash Object",单击"确定"按钮。如图 4-15 所示。

④ 右击添加的 Flash 控件,在弹出的快捷菜单中选择"属性"命令,快捷菜单如图 4-16 所示。

图 4-15　选择 Shockwave Flash Object 控件　　　　图 4-16　Flash 控件的快捷菜单

⑤ 弹出"属性"对话框后,在 Movie 栏中输入 Flash 动画的路径和文件名,其他采用默认设置。如果 Flash 动画和文档处于同一目录,可以使用相对路径,直接输入 Flash 动画的文件名"环境保护宣传动画.swf"即可。如图 4-17 所示。

图 4-17　设置 Flash 控件的属性

⑥ 继续右击 Flash 控件,在弹出的快捷菜单中,选择"设置自选图形/图片格式"命令,设置控件的高度为 2.76 cm、宽度为 17.8 cm、文字环绕方式为"浮于文字上方"。

⑦ 把 Flash 控件移动到第 1 版编号为 10 的文本框中,操作完成后,就可以浏览 Flash 动画的效果,如图 4-18 所示。

图 4-18　Flash 控件显示效果

3. 适当调整定位文本框

根据电子报的版面美观需求，应适当调整定位文本框的大小和位置，并设置部分定位文本框为无边框线文本框。设置文本框为无边框线文本框的操作步骤为，选中某文本框，选择"绘图工具"→"格式"→"形状样式"→"形状轮廓"→"无轮廓"，如图 4-19 所示。

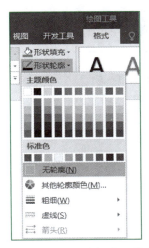

图 4-19　设置文本框为无轮廓

4.2.4　制作导读栏

微课 4-5
电子报本期
导读

链接是电子报区别于普通报刊的重要环节。一般情况下，必须在导读栏做好超链接，以便读者通过导读栏的超链接快速阅读电子报。

制作导读栏的思路是，首先为各版面的标题插入书签，然后在导读栏设置超链接，操作步骤如下。

① 选中第 1 版中的标题"世界水资源现状"，选择"插入"→"链接"→"书签"命令，"链接"组如图 4-20 所示，在弹出的"书签"对话框中输入书签名"世界水资源现状"，单击"添加"按钮，如图 4-21 所示。

图 4-20　"链接"组

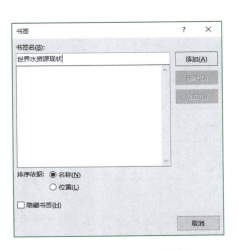

图 4-21　"书签"对话框

75

② 在第 1 版的编号为 8 的文本框中，在第 1 行输入"本期导读"，并设置宋体、三号；在第 2 行输入"世界水资源现状……第 1 版"，并设置为楷体、五号与加粗。

③ 选中"世界水资源现状……第 1 版"，选择"插入"→"链接"→"超链接"命令，弹出"插入超链接"对话框。

④ 在"插入超链接"对话框中，选择"本文档中的位置"→"书签"→"世界水资源现状"选项，单击"确定"按钮，如图 4-22 所示。

图 4-22 选择插入超链接到文档中的位置

继续为其他标题设置书签，并在导读栏设置超链接。完成后的导读栏如图 4-23 所示。

图 4-23 导读栏效果

📎 注意

通过导读栏，读者按住 Ctrl 键并单击超链接，即可快速定位到相应书签。

本 章 小 结

本章以制作具有多媒体效果的"海洲环境报"为例，重点介绍了版面的总体规划、版面设计、各版面内容的编排、视频和 Flash 动画等多媒体的添加、导读栏的制作等一些高级操作技术和方法，还介绍了电子报包含的基本要素和制作步骤。

习　题　4

习题参考
答案

参照任务，自己选取素材，完成如下任务（可根据兴趣选做）。

1. 制作"科学改变人类生活"电子报

以"科学改变人类生活"为主题，制作一个具备传统报刊的基本要素、导读栏和多媒体效果的电子报。

2. 制作"健康生活"电子报

以"健康生活"为主题，制作一个具备传统报刊的基本要素、导读栏和多媒体效果的电子报。

3. 制作"网络的利与弊"电子报

以"网络的利与弊"为主题，制作一个具备传统报刊的基本要素、导读栏和多媒体效果的电子报。

第 **5** 章

批量制作含照片胸卡

公安部门统一制作的含本人照片的居民身份证是长期有效的全国通用证件。但把它作为在小范围、特定场合、特定时段、特定事项及代表个人"角色"身份的证件来使用，就会觉得不方便，"角色"身份不明确。因此，能代表个人明确"角色"身份并含本人照片的单位员工胸卡、学生证、会议（活动）出入证等，在实际生活中得到广泛应用。

5.1 任务描述 ▼

本任务将介绍批量制作含照片的飞翔集团公司员工胸卡的方法。

要求胸卡大小合适（便于佩挂）、有本单位的明显特征、内容简明、版面美观大方。胸卡参考样文如图 5-1 所示。

图 5-1 飞翔集团公司员工胸卡参考样文

胸卡参考
样文素材

5.2 任务实施 ▼

批量制作含照片的员工胸卡是通过邮件合并（域）的功能实现的，重点和难点是照片的引用和显示。如果操作不当，照片将无法引用和显示。

5.2.1 准备照片素材

1. 新建文件夹"胸卡"

为缩短引用照片的路径，减小照片域代码全路径的长度，建议在 D 盘或 E 盘根目录新建文件夹"胸卡"。如果编制的胸卡类型较多，可按照人员的单位名或按胸卡的用途，再建立子文件夹。如"飞翔公司""学生证"和"会议出入证"等，本例为"E:\胸卡\

微课 5
批量制作含有
照片的胸卡

飞翔公司"。在子文件夹存放人员照片、徽标、主文档、数据源文档、合并记录文档等文件。

2. 处理照片大小，统一尺寸

复制人员照片和徽标（可自行设计徽标）到对应的"E:\胸卡\飞翔公司"文件夹。以一寸照片为基准（宽为 90 像素、高为 120 像素，宽约为 2.38 cm、高约为 3.17 cm），用图像处理软件（如 Microsoft Office Picture Manager、Photoshop 等）处理太大或太小的照片，控制宽度不大于 2.4 cm、高度不大于 3.2 cm。如果照片太大就不能完全显示，并且会使照片右边的单元格右移，导致胸卡的尺寸和形状改变。

5.2.2　建立胸卡数据源

1. 用 Excel 建立"飞翔公司员工信息.xlsx"文档
2. 输入人员信息

输入如图 5-2 所示的飞翔集团公司员工信息。如果是新插入数据源，要注意数据源中的照片名称必须与实际照片文件名完全一致，否则不能正确引用和显示照片。

	A	B	C	D	E	F	G
1	编号	姓名	性别	职务	单位名	部门名	照片名
2	FX11001	李兰	女	秘书	飞翔集团公司	办公室	MCj0440369.jpg
3	FX11002	杨娜	女	文员	飞翔集团公司	办公室	MCj0440376.jpg
4	FX11003	科比特	男	研究员	飞翔集团公司	研发部	MCj0440586.jpg
5	FX11004	全万鑫	男	总经理	飞翔集团公司	经理室	MCj0440690.jpg
6	FX11005	李八芳	女	经理	飞翔集团公司	营销部	MCj0440374.jpg
7	FX11006	瑞广佳	女	高级经济师	飞翔集团公司	财务部	MCj0440583.jpg
8	FX11007	方圆	女	财务助理	飞翔集团公司	财务部	MCj0440378.jpg
9	FX11008	文静	女	主任	飞翔集团公司	客户服务中心	MCj0440372.jpg
10	FX11009	维俏	女	职员	飞翔集团公司	客户服务中心	MCj0440661.jpg
11	FX11010	梁智	男	高级工程师	飞翔集团公司	研发部	MCj0440585.jpg
12	FX11011	陈九	男	教授	飞翔集团公司	生产部	MCj0440584.jpg
13	FX11012	黎明	女	经理	飞翔集团公司	生产部	MCj0440375.jpg
14	FX11013	谢天香	女	职员	飞翔集团公司	生产部	MCj0440665.jpg
15	FX11014	郝又来	女	职员	飞翔集团公司	客户服务中心	MCj0440664.jpg
16	FX11015	申咪	男	主任，高工	飞翔集团公司	研发部	MCj0440370.jpg
17	FX11016	高敏	女	营销助理	飞翔集团公司	营销部	MCj0440373.jpg
18	FX11017	畅顺	女	职员	飞翔集团公司	营销部	MCj0440658.jpg
19	FX11018	威治尼	男	保安部长	飞翔集团公司	保安部	MCj0424174.jpg
20	FX11019	丁平安	男	保安科长	飞翔集团公司	保安部	MCj0435161.jpg
21	FX11020	常亮	男	经理	飞翔集团公司	采购供应部	MCj0440377.jpg
22	FX11021	王娟	女	职员	飞翔集团公司	采购供应部	MCj0440663.jpg
23	FX11022	欧阳光	女	职员	飞翔集团公司	营销部	MCj0440371.jpg

图 5-2　飞翔集团公司员工信息

3. 保存员工信息

将文档保存在"E:\胸卡\飞翔公司"文件夹中。

5.2.3　建立胸卡主文档

1. 新建"胸卡主文档（目录）.docx"文档

新建 Word 文档，选择邮件合并主文档类型为"目录"。选择"目录"类型比选择"普通 Word 文档"类型的合并记录操作要简单一些。

2. 用表格布局胸卡主文档

参考图 5-3 所示的胸卡主文档样文进行制作，使用一寸照片，控制胸卡尺寸，使宽为 8 cm、高为 6 cm。

5.2.4　建立胸卡主文档与胸卡数据源的链接

打开"胸卡 – 主文档（目录）.docx"，选择"邮件"→"开始邮件合并"→"选择收件人"→"使用现有列表"命令，选中数据源文件"E:\胸卡\飞翔公司\飞翔公司员工信息.xlsx"，选择表格 Sheet1，单击"确定"按钮即可完成链接。

图 5-3　胸卡主文档样文

5.2.5　插入合并域和嵌套域

1. 插入合并域

在胸卡的第 3 列表格单元格中，分别插入对应的合并域：姓名、部门名、职务、编号。

2. 插入照片嵌套域

插入嵌套域常用两种方法：一是用组合键 Ctrl + F9 插入域标记 后，手工输入域代码；二是使用命令插入。方法一容易出错，本例采用方法二。

（1）将光标定位在照片单元格

（2）插入照片嵌套域

选择"插入"→"文本"→"文档部件"→"域"命令，打开域对话框，如图 5-4 所示。在"类别"下拉列表框中选择"链接和引用"选项，在"域名"列表框中选择"IncludePicture"选项，默认"更新时保留原格式"复选框被选中，单击"确定"按钮，显示结果如图 5-5 所示。因为还没有完成域的照片文件名输入，所以域结果显示为 错误! 未指定文件名. 。

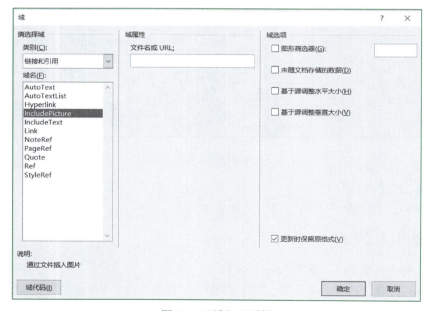

图 5-4　"域"对话框

图 5-5　插入合并域和照片嵌套域

> **提示**
>
> 如果插入照片嵌套域时勾选了"未随文档存储的数据"复选框，那么合并文档中不保存照片，只是进行引用。如果将合并文档复制到其他计算机，则无法引用和显示照片。

（3）切换域代码

右击照片嵌套域**错误! 未指定文件名.**，在快捷菜单中单击"切换域代码"命令。

（4）插入嵌套合并域"照片名"

将光标定位在域名之后的第 2 个空格处，如图 5-6（a）所示，选择"邮件"→"编写和插入域"→"插入合并域"→"照片名"命令，即插入数据源的"照片名"域，显示域结果为**错误! 未指定文件名.**。右击照片嵌套域**错误! 未指定文件名.**，在快捷菜单中单击"切换域代码"命令，域代码如图 5-6（b）所示。

主文档照片单元格插入嵌套合并域"照片名"后，即完成了照片嵌套域代码的编辑。但为何照片单元格显示的域结果仍然是**错误! 未指定文件名.** 呢？原因是"IncludePicture"域要求指定图片名并且是全路径的图片名，而"照片名"是合并域，还不是照片的名称。

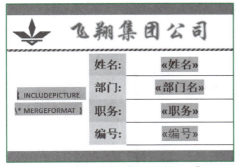

(a) 插入图片域"IncludePicture"

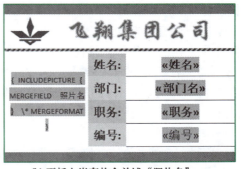

(b) 再插入嵌套的合并域"照片名"

图 5-6　照片单元格插入嵌套域

5.2.6　编辑收件人

如果数据源的数据较多或者有空记录，在合并记录之前必须对收件人列表进行编辑。选择"邮件"→"开始邮件合并"→"编辑收件人列表"命令，选取要合并的记录，取消空记录和不要合并记录的勾选，如图 5-7 所示。然后单击"确定"按钮。

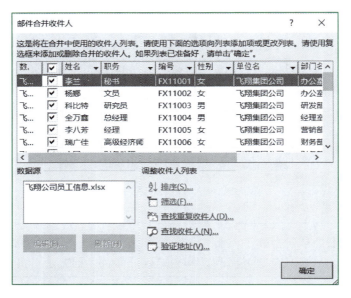

图 5-7 选择要合并的记录

完成收件人合并后，保存主文档到对应文件夹中。

5.2.7 合并记录到新文档

记录可合并到新文档，或合并到打印机（送打印机打印），或合并到电子邮件（通过 Outlook 2016 发送电子邮件），本例为合并到新文档。

1. 插入空行

先在胸卡表格下方插入 2 个空行，用于合并记录的分隔。

2. 合并记录

选择"邮件"→"完成"→"完成并合并"→"编辑单个文档"命令，再选择"全部"记录，最后单击"确定"按钮。

合并记录文档的照片单元格仍然显示 **错误！未指定文件名.**，因为合并记录中的照片名称还不是完全路径的文件名，这里不需人工去逐个修改，让系统自动更新即可。合并记录中的照片域代码如图 5-8 所示。

3. 保存合并文档

保存的路径和文件名为"E:\胸卡\飞翔公司\胸卡 – 合并记录（目录）.docx"。

设置合并文档页面边距：A4 纸，各页面边距为 2.2 cm。

如果合并记录文档与照片没有保存到同一文件夹中，即使按 F9 键更新合并记录文档的照片域，仍然不能显示照片。

图 5-8 合并记录中的照片域代码

4. 更新合并记录文档的照片域显示照片

按 Ctrl+A 组合键选中合并记录文档的全部内容（即选中文档中全部照片域），按 F9 键更新域，显示所有照片效果如图 5-9 所示。保存更新域显示照片的合并记录文档，此文档复制到其他任何地方都会显示照片。

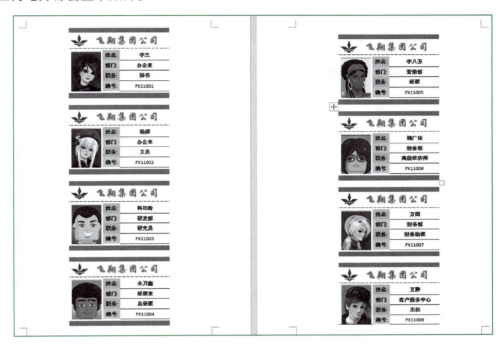

图 5-9　合并记录及照片显示效果

> ✎ 注意
>
> 如果合并记录后的文档不是保存在照片所在的文件夹，或者还没有将照片合并保存到文档就将照片复制到其他目录下，打开合并文档时，系统自动更新照片路径为当前路径后不会再自动改变，这样将无法引用和显示照片。

本 章 小 结

本章通过批量制作含照片的飞翔集团公司员工胸卡，详细介绍了邮件合并的操作步骤、插入照片嵌套域代码的引用和显示照片的高级技术，对制作类似含照（图）片的邮件合并文档具有指导作用。

习 题 5

习题参考答案

1. 制作本班含照片的学生证

参考本章案例和图 5-10 所示样文，制作本班含照片的学生证（胸卡）。

图 5-10　含照片的学生证（胸卡）样文

2. 制作含照片的工作证

参考案例，制作本单位人员含照片的工作证（胸卡）。

第 2 篇　Excel 2016 高级应用

　　Excel 是微软公司的办公套装软件 Microsoft Office 的重要组成部分，它可以进行各种数据的处理、统计和分析，广泛地应用于管理、统计、财经和金融等众多领域。

　　Excel 是用途最广泛的办公软件之一，在电子表格软件领域，Excel 已经成为事实上的行业标准。

　　作为一个优秀的数据计算与分析平台，Excel 发挥着日益重要的作用。无论用户身处哪个行业、所在单位有没有引入信息系统，只要和数据打交道，Excel 都是很好的选择，用户在 Excel 的帮助下可以出色地完成各种工作任务。

第 **6** 章

工 资 管 理

工资管理

PPT

工资是指用人单位依据国家有关规定和劳动关系双方的约定，以货币形式支付给员工的劳动报酬。广义上的工资，还包括各种以现金发放的薪酬，例如津贴。

创建工资表是每个企业必做的工作，使用 Excel，可以非常方便地对工资进行计算。

6.1　任务描述 ▼

根据员工的基本数据（如参加工作时间、职称和基本工资等）和员工当月的应发应扣款项进行工资计算。具体功能如下：

1. **工资明细表计算**
● 计算工龄工资、职称工资、社保等。
● 统计各种应发、应扣项目。
● 计算个人所得税。
● 计算实发工资。
2. **生成工资条**
3. **编制银行发放表**
4. **编制零钱统计表**

工资管理
素材

6.2　任务实施 ▼

创建"工资管理.xlsx"工作簿，包括"个人所得税税率""员工基本信息""奖金""扣款""工资明细""工资条""银行"和"零钱"8 个工作表。

6.2.1　输入基础资料

基础资料主要包含一些相对固定、与具体月份没有关系的信息，这里主要是员工基本信息。另外，为了便于个人所得税的计算，把个人所得税税率也放在这一部分。

这些信息建立完成以后一般不变动，每月进行工资计算时直接引用即可。

1. **输入个人所得税税率**

在计算工资时，个人所得税是不可或缺的一部分。计算个人所得税可以通过 IF 函数实现。本案例中专门创建了一个"个人所得税税率"工作表，如图 6-1 所示。当税率和起征点发生变动时，只需修改此工作表即可，其他工作表中的公式不需要改动。

	A	B	C	D	E	F	G	H
1	级数	全月应纳税所得额	下限	税率	速算扣除数		免征额	5000
2	1	不超过3000元的部分	0	3%	0			
3	2	超过3000元至12000元的部分	3000	10%	210			
4	3	超过12000元至25000元的部分	12000	20%	1410			
5	4	超过25000元至35000元的部分	25000	25%	2660			
6	5	超过35000元至55000元的部分	35000	30%	4410			
7	6	超过55000元至80000元的部分	55000	35%	7160			
8	7	超过80000元的部分	80000	45%	15160			

图 6-1　"个人所得税税率"工作表

2．输入员工基本信息

"员工基本信息"工作表用来存储员工的一些相对固定的信息，如工号、姓名等，如图 6-2 所示。

	A	B	C	D	E	F
1	工号	姓名	职称	参加工作时间	基本工资	银行卡号
2	A001	冯雨	工程师	2007/1/11	4500	4580675980880001
3	A002	高展翔	工程师	2008/1/1	5250	4580675980880002
4	A003	成城		2019/12/1	2250	4580675980880003
5	A004	刘清美	工程师	2019/3/29	4500	4580675980880004
6	A005	丁秋宜	助理工程师	2016/6/20	5000	4580675980880005
7	A006	林为明		2020/4/10	2700	4580675980880006
8	A007	吴正宏		2019/12/20	3000	4580675980880007
9	A008	任征	助理工程师	2017/3/20	3450	4580675980880008
10	A009	石惊	高级工程师	2002/7/15	5300	4580675980880009
11	A010	吴为		2020/10/1	7500	4580675980880010

图 6-2　"员工基本信息"工作表

6.2.2　输入当月工资信息

这部分是每月都要做的工作，包括输入所有员工当月各种应发与扣款项目。

可以使用多个工作表来存储员工当月的各种应发及扣款信息，奖金、考勤、加班、房租、水电费、社保和公积金等项目的处理都在这一部分。本案例以"奖金"和"扣款"两个工作表为例，其他项目处理方法与此类似。

1．输入奖金

输入奖金后的"奖金"工作表如图 6-3 所示。

2．输入扣款

输入扣款后的"扣款"工作表如图 6-4 所示。

	A	B	C
1	工号	姓名	奖金
2	A001	冯雨	2000
3	A002	高展翔	1600
4	A003	程城	4000
5	A005	丁秋宜	1000
6	A006	林为明	500
7	A008	任征	2000
8	A009	石惊	2000
9	A010	吴为	10000
10	A011	黎念真	3500
11	A012	钟开才	4000

图 6-3　"奖金"工作表

	A	B	C	D
1	工号	姓名	房租	水电费
2	A001	冯雨	500	120
3	A007	吴正宏	300	
4	A008	任征	400	
5	A009	石惊	800	123.5
6	A010	吴为		66
7	A015	徐进	380	38
8	A020	钟尔慧	400	155.25

图 6-4　"扣款"工作表

6.2.3 计算当月工资

1. 编制工资明细表

"工资明细"工作表存储当月工资的最终计算结果。

（1）输入表头

"工资明细"工作表表头如图 6-5 所示，其中 I2、K2 单元格分别为工资年份、月份。为了方便计算，建立了"职称""应税所得额""税率"和"速算扣除数"4 个辅助字段。

	A	B	C	D	E	F	G	H	I	J	K	L	M	N	O	P	Q
1					**工资明细表**												
2									2020年		10月						
3	工号	姓名	基本工资	工龄工资	职称补贴	奖金	社保	应发	个人所得税	福利费	房租水电	实发		职称	应税所得额	税率	速算扣除数

图 6-5 "工资明细"工作表表头

（2）编制公式

① 编制"工号"公式。

- 思路 -

工号直接从"员工基本信息"工作表引入。

A4：=员工基本信息!A2

② 编制"姓名"公式。

- 思路 -

在"员工基本信息"工作表中通过工号查找得到对应的姓名。

B4：=VLOOKUP(A4,员工基本信息!$A$2:$B$21,2,FALSE)

- 说明 -

此公式亦可改为=VLOOKUP(A4,员工基本信息!A:B,2,0)，在"员工基本信息"工作表中增加员工时不需要修改公式。为便于理解，本案例采用绝对地址的方式。

关键知识点

VLOOKUP 函数

用途：
在表格或数组的首列查找指定的值，并由此返回表格或数组当前行中指定列处的值。
语法：
VLOOKUP(lookup_value,table_array,col_index_num,range_lookup)
参数：
lookup_value 为需要在表格或数组第 1 列中查找的值，它可以是值或引用。
table_array 为需要在其中查找数据的数据表，可以用来对区域或区域名称进行引用。
col_index_num 为 table_array 中待返回的匹配值的列序号。col_index_num 为 1 时，返回 table_array 第 1 列中的值;col_index_num 为 2，返回 table_array 第 2 列中的值，以此类推。

range_lookup 为一逻辑值，指明函数 VLOOKUP 返回时是精确匹配还是近似匹配。如果为 TRUE 或省略（table_array 第 1 列中的值必须以升序排序），则返回近似匹配值，也就是说，如果找不到精确匹配值，则返回小于 lookup_value 的最大值；如果 range_value 为 FALSE，函数 VLOOKUP 将只寻找精确匹配值。如果找不到，则返回错误值#N/A。参数为"FALSE"、"TRUE"与参数为"0"、"1"是等同的。

实例：

如果 A1=23、A2=45、A3=50、A4=65：则公式"=VLOOKUP(50,A1:A4,1,FALSE)"返回 50，"=VLOOKUP(48,A1:A4,1,TRUE)"返回 45。

③ 编制"基本工资"公式。

> **•思路•**
>
> 在"员工基本信息"工作表中通过工号查找得到对应的基本工资。

C4：=VLOOKUP(A4,员工基本信息!$A$2:$E$21,5,FALSE)

④ 编制"工龄工资"公式。

工龄工资=20*工龄。

工龄=参加工作时间与工资月份月底之间的整年数。

> **•思路•**
>
> 首先在"员工基本信息"工作表中通过工号查找得到对应的参加工作时间，再利用 DATEDIF 函数计算工龄，工龄乘 20 即得到工龄工资。

D4：=20*DATEDIF(VLOOKUP(A4,员工基本信息!$A$2:$D$21,4,FALSE),

　　　　　DATE($I$2,$K$2+1,1)-1,

　　　　　"Y")

关键知识点

DATEDIF 函数

用途：

计算两个日期之间的天数、月数或年数。

语法：

DATEDIF(start_date,end_date,unit)

参数：

start_date 为一个日期，它代表时间段内的第一个日期或起始日期；

end_date 为一个日期，它代表时间段内的最后一个日期或结束日期；

unit 为所需信息的返回类型。

unit 的类型如下。

"Y"：计算周年

"M"：计算足月

"D"：计算天数

"YM"：计算除了周年之外剩余的足月

"YD"：计算除了周年之外剩余的天数

"MD"：计算除了足月之外剩余的天数

• 📦 说明 •

　　DATEDIF 函数在帮助文档中没有说明，函数向导中也找不到此函数。但该函数在电子表格中确实存在，并且用来计算两个日期之间的天数、月数或年数很方便。微软称，提供此函数是为了与 Lotus 1-2-3 软件兼容。

⑤ 编制"职称补贴"公式。

职称补贴标准：高级工程师 1000，工程师 500，助理工程师 300。

• 🧠 思路 •

　　首先在"员工基本信息"工作表中通过工号查找得到对应的职称，再利用 IF 函数计算各职称对应的职称补贴。

N4：=VLOOKUP(A4,员工基本信息!$A$2:$C$21,3,FALSE)

E4：=IF(N4="高级工程师",1000,IF(N4="工程师",500,IF(N4="助理工程师",300,0)))

⑥ 编制"奖金"公式。

• 🧠 思路 •

　　在"奖金"工作表中通过工号查找得到对应的奖金。因"奖金"工作表中可能只有部分员工的数据（若某员工当月无奖金则不需要输入该员工数据），用 VLOOKUP 函数进行精确查找时，有可能找不到相应工号对应员工的数据（返回值为"#N/A"说明没找到），所以需要通过 IFERROR 函数捕获错误来处理。

F4：=IFERROR(VLOOKUP(A4,奖金!$A$2:$C$15,3,FALSE),0)

关键知识点

IFERROR 函数

用途：

返回公式计算结果为错误时指定的值;否则，它将返回公式的结果。

语法：

IFERROR(value, value_if_error)

参数：

Value 为检查是否存在错误的参数。

value_if_error 为公式计算结果为错误时要返回的值。评估以下错误类型：#N/A、#VALUE!、#REF!、#DIV/0!、#NUM!、#NAME? 或#NULL!。

⑦ 编制"社保"公式。

企业为员工购买社会保险时，员工个人也应支付相应比例，这些款项统一由企业按缴费基数缴纳，在工资表中应代扣个人缴纳部分。通常所说的"五险一金"，分别为养老保险、医疗保险、失业保险、工伤保险、生育保险和住房公积金。实际缴纳时按照缴费基数和缴费比例计算，各地政策不尽相同。

制作工资表时，只考虑个人应缴纳的部分，本案例社保个人缴纳部分按基本工资的 11% 计算。

社保=基本工资*11%。

G4：=ROUND(C4*11%,2)

⑧ 编制"福利费"公式。

每位员工福利费均为每月 30 元。

J4：=30

⑨ 编制"房租水电"公式。

> • 🌳思路 •
>
> 在"扣款"工作表中通过工号查找得到对应的房租和水电费。因"扣款"工作表中可能没有相应工号对应的数据，所以要用 IFERROR 函数进行处理。

K4：=IFERROR(VLOOKUP(A4,扣款!$A$2:$C$8,3,FALSE),0)
　　　+IFERROR(VLOOKUP(A4,扣款!$A$2:$D$8,4,FALSE),0)

⑩ 编制"应发"公式。

微课 6-1
计算个人
所得税

应发=基本工资+工龄工资+职称补贴+奖金-社保。

H4：=SUM(C4:F4)-G4

⑪ 计算个人所得税。

计算个人所得税时要明确工资组成中哪些项目能免税，哪些项目不能免税。本案例中奖金和房租水电为非免税项目，福利费和社保为免税项目。对于非免税项目，如果是增加的项目，要先计入所得总额，再扣个税，如奖金；如果是扣除的项目，要先扣个税，再从余额中扣除，如房租水电费。对于免税项目，如果是增加的项目，要先扣个税，再增加，如福利费；如果是扣除的项目，要先扣除，再扣个税，如社保。

> • 🌳思路 •
>
> 首先计算应税所得额，再根据应税所得额在"个人所得税税率"工作表中查找得到相应的税率和速算扣除数，最后计算得到个人所得税。在"个人所得税税率"工作表中，应税所得额不是一个具体的值，而是一个范围，在通过 VLOOKUP 函数查找税率和速算扣除数时要用到近似匹配。

应税所得额 O4：=MAX(H4-个人所得税税率!$H$1,0)

税率 P4：=VLOOKUP(O4,个人所得税税率!$C$2:$D$8,2,TRUE)

速算扣除数 Q4：=VLOOKUP(O4,个人所得税税率!$C$2:$E$8,3,TRUE)

个人所得税 I4：=ROUND(O4*P4-Q4,2)

关键知识点

2019 年版个人所得税减免税项目

（一）个人所得税免税项目

1. 省级人民政府、国务院部委和中国人民解放军军以上单位，以及外国组织、国际组织颁发的科学、教育、技术、文化、卫生、体育、环境保护等方面的奖金。

2. 国债和国家发行的金融债券利息。

3. 按照国家统一规定发给的补贴、津贴；是指按照国务院规定发给的政府特殊津贴、院士津贴、资深院士津贴，以及国务院规定免纳个人所得税的其他补贴、津贴。

4. 福利费、抚恤金、救济金。

5. 保险赔款。

6. 军人的转业费、复员费。

7. 按照国家统一规定发给干部、职工的安家费、退职费、退休工资、离休工资、离休生活补助费。

8. 依照我国有关法律规定应予免税的各国驻华使馆、领事馆的外交代表、领事官员和其他人员的所得。

9. 中国政府参加的国际公约、签订的协议中规定免税的所得。

10. 在中国境内无住所，但是在一个纳税年度中在中国境内连续或者累计居住不超过 90 日的个人，其来源于中国境内的所得，由境外雇主支付并且不由该雇主在中国境内的机构、场所负担的部分，免予缴纳个人所得税。

11. 对外籍个人取得的探亲费免征个人所得税：仅限于外籍个人在我国的受雇地与其家庭所在地（包括配偶或父母居住地）之间搭乘交通工具且每年不超过 2 次的费用。

12. 按照国家规定，单位为个人缴付和个人缴付的住房公积金、基本医疗保险费、基本养老保险费、失业保险费从纳税人的应纳税所得额中扣除。

13. 按照国家有关城镇房屋拆迁管理办法规定的标准，被拆迁人取得的拆迁补偿款，免征个人所得税。

（二）个人所得税减税项目

1. 残疾、孤老人员和烈属的所得；

2. 因严重自然灾害造成重大损失的；

3. 其他经国务院财政部门批准减免的。

（三）个人所得税暂免征税项目

1. 外籍个人以非现金形式或实报实销形式取得的住房补贴、伙食补贴、搬迁费、洗衣费。

2. 外籍个人按合理标准取得的境内、境外出差补贴。

3. 外籍个人取得的语言训练费、子女教育费等经当地税务机关审核批准为合理的部分。

4. 外籍个人从外商投资企业取得的股息、红利所得。

5. 凡符合下列条件之一的外籍专家取得的工资、薪金所得，可免征个人所得税：

（1）根据世界银行专项借款协议，由世界银行直接派往我国工作的外国专家；

（2）联合国组织直接派往我国工作的专家；

（3）为联合国援助项目来华工作的专家；

（4）援助国派往我国专为该国援助项目工作的专家；

（5）根据两国政府签订的文化交流项目来华工作两年以内的文教专家，其工资、薪金所得由该国负担的；

（6）根据我国大专院校国际交流项目来华工作两年以内的文教专家，其工资、薪金所得由该国负担的；

（7）通过民间科研协定来华工作的专家，其工资、薪金所得由该国政府机构负担的。

6. 个人举报、协查各种违法犯罪行为而获得的奖金。

7. 个人办理代扣代缴手续，按规定取得的扣缴手续费。

8. 个人转让自用达 5 年以上，并且是唯一的家庭生活用房取得的所得，暂免征收个人所得税。

9. 对个人购买福利彩票、赈灾彩票、体育彩票，一次中奖收入在 1 万元以下的（含 1 万元）暂免征收个人所得税，超过 1 万元的，全额征收个人所得税。

10. 自 2009 年 5 月 25 日起，对以下情形的房屋产权无偿赠与，对当事双方不征收个人所得税：

（1）房屋产权所有人将房屋产权无偿赠予配偶、父母、子女、祖父母、外祖父母、孙子女、兄弟姐妹；

（2）房屋产权所有人将房屋产权无偿赠与对其承担直接抚养或者赡养义务的抚养人或赡养人；

（3）房屋产权所有人死亡，依法取得房屋产权的法定继承人、遗嘱继承人或受遗赠人。

⑫ 编制"实发"公式。

实发=应发-个人所得税+福利费-房租水电。

L4：=H4-I4+J4-K4

（3）复制公式

把以上公式复制到所有员工（记录数与"员工基本信息"工作表中的相同）。

（4）美化工资明细表

① 金额数值保留两位小数，设置边框。

可在"设置单元格格式"对话框中设置。

② 取消零值显示。

选择"文件"→"选项"命令，打开"Excel 选项"对话框，在"高级"选项卡的"此工作表的显示"选项组中取消选中"在具有零值的单元格中显示零"复选框，即可取消零值显示。

③ 给偶数行填充浅灰色背景。

选中单元格区域 A4:L23，在"开始"→"样式"组中单击"条件格式"按钮，在弹出的对话框中使用条件格式进行设置，如图 6-6 所示。

图 6-6　设置偶数行为灰色背景

"工资明细"工作表最终结果如图 6-7 所示。

	A	B	C	D	E	F	G	H	I	J	K	L
1						工资明细表						
2									2020 年		10 月	
3	工号	姓名	基本工资	工龄工资	职称补贴	奖金	社保	应发	个人所得税	福利费	房租水电	实发
4	A001	冯雨	4500.00	260.00	500.00	2000.00	495.00	6765.00	52.95	30.00	620.00	6122.05
5	A002	高展翔	5250.00	240.00	500.00	1600.00	577.50	7012.50	60.38	30.00		6982.12
6	A003	成城	2250.00			4000.00	247.50	6002.50	30.08	30.00		6002.42
7	A004	刘清美	4500.00	140.00	500.00		495.00	4645.00		30.00		4675.00
8	A005	丁秋宜	5000.00	80.00	300.00	1000.00	550.00	5830.00	24.90	30.00		5835.10
9	A006	林为明	2700.00			500.00	297.00	2903.00		30.00		2933.00
10	A007	吴正宏	3000.00				330.00	2670.00		30.00	300.00	2400.00
11	A008	任征	3450.00	60.00	300.00	2000.00	379.50	5430.50	12.92	30.00	400.00	5047.58
12	A009	石惊	5300.00	360.00	1000.00	2000.00	583.00	8077.00	97.70	30.00	923.50	7085.80
13	A010	吴为	7500.00			10000.00	825.00	16675.00	957.50	30.00	66.00	15681.50

图 6-7 "工资明细"工作表最终结果

关键知识点

ROW 函数

用途：
用来返回引用的行号。
语法：
ROW(reference)
参数：
reference 为需要得到其行号的单元格或单元格区域。如果省略 reference，则假定是对函数 ROW 所在单元格的引用。如果 reference 为一个单元格区域，并且函数 ROW 作为垂直数组输入，则函数 ROW 将 reference 的行号以垂直数组的形式返回。reference 不能引用多个区域。
实例：
公式"=ROW(A6)"返回 6，如果在 C5 单元格中输入公式"=ROW()"，其计算结果为 5。

COLUMN 函数

用途：
用来返回引用的列标。
语法：
COLUMN(reference)
参数：
reference 为需要得到其列标的单元格或单元格区域。如果省略 reference，则假定函数 COLUMN 是对所在单元格的引用。如果 reference 为一个单元格区域，并且函数 COLUMN 作为水平数组输入，则 COLUMN 函数将 reference 中的列标以水平数组的形式返回。
实例：
公式"=COLUMN(A3)"返回 1，"=COLUMN(B3:C5)"返回 2。

2. 打印工资条
（1）编制工资条公式

🌐 **思路** ·

"工资条"工作表中每位员工的数据占用三行，第 1 行显示字段名，把"工资明细"工作表中的第 3 行复制过来即可；第 2 行显示工资数值，对应"工资明细"工作表数据区域 A4:L23（如图 6-8 所示的灰色背景单元格区域）中的与该员工有关的那一行，具体对应方法为"工资条"工作表的第 2,5,8,…,n 行分别对应"工资明细"工作表中灰色背景区域的第 1, 2, 3, …(n+1)/3 行；第 3 行为空行。

	A	B	C	D	E	F	G	H	I	J	K	L
						工资明细表						
1												
2									2020年		10月	
3	工号	姓名	基本工资	工龄工资	职称补贴	奖金	社保	应发	个人所得税	福利费	房租水电	实发
4	A001	冯雨	4500.00	260.00	500.00	2000.00	495.00	6765.00	52.95	30.00	620.00	6122.05
5	A002	高展翔	5250.00	240.00	500.00	1600.00	577.50	7012.50	60.38	30.00		6982.12
6	A003	成城	2250.00			4000.00	247.50	6002.50	30.08	30.00		6002.42
7	A004	刘清美	4500.00	140.00	500.00		495.00	4645.00		30.00		4675.00
8	A005	丁秋宜	5000.00	80.00	300.00	1000.00	550.00	5830.00	24.90	30.00		5835.10
9	A006	林为明	2700.00			500.00	297.00	2903.00		30.00		2933.00
10	A007	吴正宏	3000.00				330.00	2670.00		30.00	300.00	2400.00
11	A008	任征	3450.00	60.00	300.00	2000.00	379.50	5430.50	12.92	30.00	400.00	5047.58
12	A009	石惊	5300.00	360.00	1000.00	2000.00	583.00	8077.00	97.70	30.00	923.50	7085.80
13	A010	吴为	7500.00			10000.00	825.00	16675.00	957.50	30.00	66.00	15681.50

图 6-8 "工资明细"工作表的工资数据区域

A1：=CHOOSE(MOD(ROW(),3)+1,

　　　　""，

　　　　工资明细!A$3,

　　　　INDEX(工资明细!$A$4:$L$23,(ROW()+1)/3,COLUMN()))

公式中，MOD(ROW(),3)+1 取值为 1、2 和 3 时，MOD(ROW(),3) 取值为 0、1 和 2，分别对应工资条的第 3、1 和 2 行。

微课 6-2
制作工资条

关键知识点

CHOOSE 函数

用途：

可以根据给定的索引值，从待选参数中选出相应的值或操作。

语法：

CHOOSE(index_num，value1，value2，...)。

参数：

index_num 指明所选参数值在参数表中的位置。

value1，value2，...为 1 到 254 个数值参数。

实例：

"=CHOOSE(2，"星期日"，"星期一"，"星期二")" 返回 "星期一"

INDEX 函数

用途：

返回表格或区域中的值或对值的引用。函数有两种形式：数组和引用。数组形式通常返回数值或数值数组；引用形式通常返回引用的值。

语法：

INDEX(array,row_num,column_num）返回数组中指定的单元格或单元格数组的数值。

INDEX(reference,row_num,column_num,area_num）返回引用中指定单元格或单元格区域的引用。

参数：

array 为单元格区域或数组常数。

row_num 为数组中某行的行序号，函数从该行返回数值。如果省略 row_num，则必须有 column_num。

column_num 为数组中某列的列序号，函数从该列返回数值。如果省略 column_num，则必须有 row_num。

reference 是对一个或多个单元格区域的引用，如果为引用输入一个不连续的选定区域，则必须用括号括起来。

area_num 是选择引用中的一个区域，并返回该区域中 row_num 和 column_num 的交叉区域。选中或输入的第一个区域序号为 1，第二个为 2，以此类推。如果省略 area_num，则 INDEX 函数使用区域 1。

实例：

如果 B3=1、B4=2、B5=3，则公式"=INDEX(B3:B5,1,1)"返回 1。

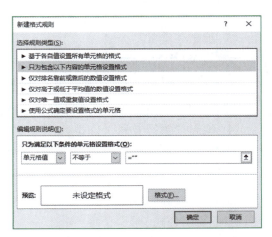

图 6-9　对有数据的单元格加边框

（2）复制公式

把 A1 单元格中的公式复制到 A1:L60 单元格区域中（行数是"员工基本信息"工作表记录数的 3 倍，20 名员工共占用 60 行）。

（3）美化工资条

① 金额数值保留两位小数。

② 取消零值显示。

③ 用条件格式对整个数据区域中有数据的单元格加边框，参数设置如图 6-9 所示。

工资条最终结果如图 6-10 所示。

3. 编制银行发放表

若为银行代发工资，可以生成银行发放表。

（1）输入表头

输入"银行"工作表表头，结果如图 6-11 所示。

	A	B	C	D	E	F	G	H	I	J	K	L
1	工号	姓名	基本工资	工龄工资	职称补贴	奖金	社保	应发	个人所得税	福利费	房租水电	实发
2	A001	冯雨	4500.00	260.00	500.00	2000.00	495.00	6765.00	52.95	30.00	620.00	6122.05
3												
4	工号	姓名	基本工资	工龄工资	职称补贴	奖金	社保	应发	个人所得税	福利费	房租水电	实发
5	A002	高展翔	5250.00	240.00	500.00	1600.00	577.50	7012.50	60.38	30.00		6982.12
6												
7	工号	姓名	基本工资	工龄工资	职称补贴	奖金	社保	应发	个人所得税	福利费	房租水电	实发
8	A003	成城	2250.00			4000.00	247.50	6002.50	30.08	30.00		6002.42
9												

图 6-10　工资条最终结果

	A	B	C	D
1	工号	姓名	实发	银行卡号

图 6-11　"银行"工作表表头

（2）编制公式

① 编制"工号"公式。

> **思路**
>
> "工号"直接从"工资明细"工作表中引入。

A2：=工资明细!A4

② 编制"姓名"公式。

> **思路**
>
> "姓名"通过"工号"在"员工基本信息"工作表中查找得出。

B2：=VLOOKUP(A2,员工基本信息!$A$2:$B$21,2,FALSE)

③ 编制"实发"公式。

> **思路**
>
> "实发"通过"工号"在"工资明细"工作表中查找得出。

C2：=VLOOKUP(A2,工资明细!$A$4:$L$23,12,FALSE)

④ 编制"银行卡号"公式。

> **思路**
>
> "银行卡号"通过"工号"在"员工基本信息"工作表中查找得出。

D2：=VLOOKUP(A2,员工基本信息!$A$2:$F$21,6,FALSE)

（3）复制公式

把以上公式复制到所有员工记录中（记录数与"工资明细"工作表中的相同），得到的"银行"工作表如图 6-12 所示。

4. 编制零钱统计表

若用现金发放工资，可以生成零钱统计表。

（1）输入表头

输入"零钱"工作表表头，结果如图 6-13 所示。

	A	B	C	D
1	工号	姓名	实发	银行卡号
2	A001	冯雨	6122.05	4580675980880001
3	A002	高展翔	6982.12	4580675980880002
4	A003	成城	6002.42	4580675980880003
5	A004	刘清美	4675.00	4580675980880004
6	A005	丁秋宜	5835.10	4580675980880005
7	A006	林为明	2933.00	4580675980880006
8	A007	吴正宏	2400.00	4580675980880007
9	A008	任征	5047.58	4580675980880008
10	A009	石惊	7085.80	4580675980880009
11	A010	吴为	15681.50	4580675980880010

图 6-12 "银行"工作表

	A	B	C	D	E	F	G	H	I	J	K	L	M	N
1	工资	100元	50元	20元	10元	5元	2元	1元	5角	2角	1角	5分	2分	1分

图 6-13 "零钱"工作表表头

（2）编制公式

① 编制"工资"公式。

> **思路**
>
> "工资"来源于"工资明细"工作表的"实发"。

A2：=工资明细!L4

② 编制"100 元"公式。

> **思路**
>
> 工资除以 100 的整数部分。

B2：=INT(A2/100)

③ 编制"50 元"公式。

> **思路**
>
> 计算工资除以 50 的整数部分，若为奇数，则 50 元面值为 1 张。

C2：=MOD(INT(A2/50),2)

④ 编制"20 元"公式。

> **思路**
>
> 工资除去 50 元以上面值后的余额，再除以 20 得到的整数部分即为 20 元面值的张数。

D2：=INT(MOD(A2,50)/20)

⑤ 编制"10 元"公式。

> **思路**
>
> 工资除去 100 元、50 元及 20 元面值以后的余额，除以 10 得到的整数部分即为 10 元面值的张数。

E2：=INT((MOD(A2,100)−C2*50−D2*20)/10)

99

⑥ 编制"5 元"公式。

> **思路**
>
> 计算工资除以 5 的整数部分，若为奇数，则 5 元面值为 1 张。

F2：=MOD(INT(A2/5),2)

⑦ 编制"2 元"公式。

> **思路**
>
> 工资除去 5 元以上面值后的余额，再除以 2 得到的整数部分即为 2 元面值的张数。

G2：=INT(MOD(A2,5)/2)

⑧ 编制"1 元"公式。

> **思路**
>
> 工资的整数部分除去 10 元以上、5 元及 2 元面值以后的余额，即为 1 元面值的张数。

H2：=MOD(INT(A2),10)-F2*5-G2*2

⑨ 编制"5 角"公式。

> **思路**
>
> 计算工资除以 0.5 的整数部分，若为奇数，则 5 角面值为 1 张。

I2：=MOD(INT(A2/0.5),2)

⑩ 编制"2 角"公式。

> **思路**
>
> 为工资除去 5 角以上面值后的余额，再除以 0.2 得到的整数部分即为 2 角面值的张数。

J2：=INT(ROUND(MOD(A2,0.5),2)/0.2)

> **说明**
>
> 按照"思路"要求，可写出公式"=INT(MOD(A2,0.5)/0.2)"。因有时可能存在浮点运算问题，故使用 ROUND 函数进行限制。如"=MOD(8.2,0.5)"本应返回 0.2，实际却返回 0.199999999999999。

⑪ 编制"1 角"公式。

K2：=MOD(INT(A2/0.1),10)-I2*5-J2*2

公式中，"A2/0.1"为以角为单位的工资额，"MOD(INT(A2/0.1),10)"为工资额的整角数，减去 5 角和 2 角的总额以后即为 1 角的张数。

⑫ 编制"5 分"公式。

> **思路**
>
> 计算工资除以 0.05 的整数部分，若为奇数，则 5 分面值为 1 张。

L2：=MOD(INT(A2/0.05),2)

⑬ 编制"2 分"公式。

M2：=INT(MOD(ROUND(A2/0.01,0),5)/2)

公式中，"A2/0.01"为以分为单位的工资额，"MOD(A2/0.01,5)"为除去 5 分以上面值后的余额，再除以 2 得到的整数部分即为 2 分面值的张数。

> **说明**
>
> 用 ROUND 函数是为了解决浮点运算问题。

⑭ 编制"1 分"公式。

N2：=MOD(INT(A2/0.01),10)-L2*5-M2*2

公式中，"A2/0.01"为以分为单位的工资额，"MOD(A2/0.01,10)"为工资额的"分"的部分，减去 5 分和 2 分的总额以后即为 1 分面值的张数。

（3）复制公式

把以上公式复制到其他金额记录中（记录数与"工资明细"工作表中的相同）。

（4）汇总

对各种面额的张数求和，此时的"零钱"工作表如图 6-14 所示。

	工资	100元	50元	20元	10元	5元	2元	1元	5角	2角	1角	5分	2分	1分
2	6122.05	61		1			1					1		
3	6982.12	69	1	1							1		1	
4	6002.42	60					1			2			1	
5	4675.00	46		1		1								
6	5835.10	58		1		1					1			
7	2933.00	29		1		1		1	1					
8	2400.00	24												
9	5047.58	50		2			1	1		1		1	1	1
10	7085.80	70	1	1		1	1		1	1	1			
21	5030.07	50		1		1						1	1	
22	合计	1361	10	17	9	9	13	4	5	6	4	3	6	1

图 6-14 "零钱"工作表

5. 保护数据

（1）隐藏工作表

可以把不经常变动的工作表隐藏起来，如"个人所得税税率"。

右击"个人所得税税率"工作表标签，在打开的快捷菜单中选择"隐藏"命令，即可将其隐藏。

（2）为工作簿设置密码

在"文件"→"信息"组中单击"保护工作簿"按钮，在打开的菜单中选择"用密码进行加密"命令，打开如图 6-15 所示的"加密文档"对话框，在其中设置密码即可。

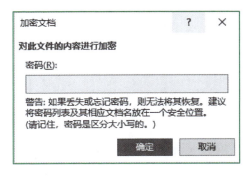

图 6-15 "加密文档"对话框

本 章 小 结

　　本章的关键在于 VLOOKUP 函数的使用。通过 VLOOKUP 函数的精确匹配，可以在不同工作表中查找到每位员工的各项数据，进行汇总即可得当月最终工资。在计算个人所得税时，也用到了 VLOOKUP 函数的近似匹配。

习　题　6

习题参考
答案

　　1. 用 IF 函数编制个人所得税公式。

　　2. 在本案例中增加"加班工资"项目。加班工资=加班小时数*基本工资/21.75/8*1.5。

　　3. 在本案例中增加"差旅费津贴"项目（该项目为免税项目）。

　　4. 计算零钱可以采用以下方法：如图 6-16 所示，在"零钱 2"工作表的 C2 单元格中输入公式"=INT(ROUND($A2-SUMPRODUCT($B$1:$B$1,$B2:B2),2)/C$1)"，并复制到 C2:O21 单元格区域中即可。应该如何理解此公式？

	A	B	C	D	E	F	G	H	I	J	K	L	M	N	O
1	工资	0	100	50	20	10	5	2	1	0.5	0.2	0.1	0.05	0.02	0.01
2	6372.05	0													
3	6982.12	0													
4	6002.42	0													

图 6-16　"零钱 2"工作表

第 *7* 章

进销存管理

进销存管理

PPT

进销存又称为购销链，是指企业管理过程中采购（进）→入库（存）→销售（销）的动态管理过程。进销存管理是一种非常典型的数据库应用，很多实际应用项目的核心都是进销存管理。

7.1 任务描述 ▼

树人文具店主要从事办公用品和办公设备的经销，要求用 Excel 制作一个进销存系统，对公司的业务进行管理。其功能结构如图 7-1 所示。

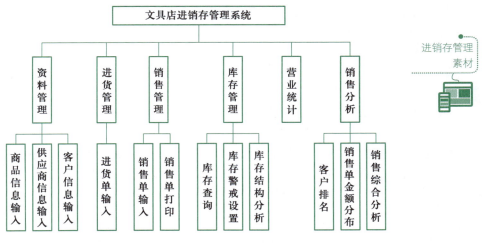

进销存管理
素材

图 7-1 文具店进销存管理系统功能结构图

7.2 任务实施 ▼

创建"进销存管理.xlsx"工作簿，包含"商品""供应商""客户""进货单""进货明细""销售单""销售明细""库存""库存详情""销售详情""库存查询""库存警戒""库存结构""销售单打印""营业统计""客户排名""金额分布"和"销售透视"18 个工作表。

7.2.1 输入基础资料

基础资料包括商品、供应商及客户信息。这些信息是相对固定的。

1. 输入商品信息

"商品"工作表用来存储商品的基本信息，包括 ID、"名称"和"类别"字段，如图 7-2 所示。

图 7-2 "商品"工作表

> **说明**
>
> "商品"工作表中 ID 表示商品编码，是唯一的，用来区分不同的商品。其他字段是关于商品特征的描述，根据实际需要可增加"品牌""型号""规格"和"计量单位"等字段，处理方法与"名称"相同，本案例重点在于说明进销存的基本原理，为了简便起见，只使用了最少的字段。

相同商品不同进货批次进价可能不同，实际处理中一般采用均价和非均价两种方式，大部分单位采用非均价（先进先出）。本案例中，若遇同一商品不同进价的情况，则视为两种商品处理。

（1）对 ID 设置输入限制

商品的 ID 都以 SP- 开头，长度固定为 6 位，而且不能重复。通过设置数据验证，可以避免非法输入。具体操作步骤如下。

选中要输入"ID"的单元格区域 A 列。

在"数据"→"数据工具"组中单击"数据验证"按钮，打开"数据验证"对话框，在"设置"选项卡中进行如图 7-3 所示的设置，在"出错警告"选项卡中进行如图 7-4 所示的设置，"公式"文本框中的完整内容为"=AND(LEFT(A1,3)="SP-",LEN(A1)=6,COUNTIF(A:A,A1)=1)"。

图 7-3 "商品"工作表中 ID 字段的数据验证设置

图 7-4 "商品"工作表中 ID 字段的出错警告设置

经过以上设置后，在输入和修改 ID 时，若不以 SP-开头，长度不为 6 位或出现重复值，则会出现如图 7-5 所示的"无效数据"对话框。

（2）对"类别"提供序列选择

所有商品分为书写工具、办公文具、纸制品、办公设备和日常用品 5 类。可以用数据验证在输入和修改"类别"字段时提供选项，以供选择，从而提高输入效率并保证输入的合法性和准确性。

① 选中要输入"类别"的单元格区域 C 列。

② 在"数据"→"数据工具"组中单击"数据验证"按钮 ，打开"数据验证"对话框，在"设置"选项卡中进行如图 7-6 所示的设置。

图 7-5 "商品"工作表中 ID 字段的"无效数据"对话框　图 7-6 "商品"工作表中"类别"字段的数据验证设置

③ 经过以上设置后，选中"类别"列的任一单元格时，其右侧都会出现一个下三角按钮，在下拉列表中提供了所有类别以供选择，如图 7-7 所示。

图 7-7 "类别"下拉列表

2. 输入供应商信息

"供应商"工作表用来存储供应商的基本信息，包括 ID、"名称"字段，如图 7-8 所示。其中，ID 是唯一的。

3. 输入客户信息

"客户"工作表用来存储客户的基本信息，包括 ID、"名称"字段，如图 7-9 所示。其中，ID 是唯一的。

	A	B
1	ID	名称
2	GY-001	今日文具有限公司
3	GY-002	深圳市齐心文具股份有限公司
4	GY-003	天可文具配送有限公司
5	GY-004	文具批发城
6	GY-005	博图文化用品有限公司
7	GY-006	同文纸品销售部
8	GY-007	美阳文化用品有限公司
9	GY-008	文具纸张批发中心
10	GY-009	源轩办公用品有限公司
11	GY-010	汇通文化用品公司

图 7-8 "供应商"工作表

	A	B
1	ID	名称
2	KH-001	零售
3	KH-002	中山大学
4	KH-003	幸福小学
5	KH-004	永久电器厂
6	KH-005	国土局
7	KH-006	大地高新公司
8	KH-007	张先生
9	KH-008	大华
10	KH-009	发展大厦
11	KH-010	文明路商城

图 7-9 "客户"工作表

7.2.2 输入进货和销售数据

基础数据相对固定，日常处理的数据主要是进货和销售数据。

1. 输入进货单

进货数据一般包括进货单号、进货日期、供应商、商品名称、进货数量和进价等信息。因为一张进货单往往包含多种商品，为减少数据冗余，故用"进货单"与"进货明细"两个工作表来存储进货信息。

（1）输入"进货单"工作表中的内容

"进货单"工作表用来存储每张进货单的一些共同信息，包括"单号""日期"及"供应商ID"字段，如图 7-10 所示。其中，"单号"是唯一的。

	A	B	C
1	单号	日期	供应商ID
2	JH-001	2019/5/5	GY-001
3	JH-002	2019/8/8	GY-008
4	JH-003	2019/12/10	GY-008
5	JH-004	2020/2/2	GY-004
6	JH-005	2020/5/5	GY-005
7	JH-006	2020/6/8	GY-004
8	JH-007	2020/8/8	GY-010
9	JH-008	2020/8/8	GY-001
10	JH-009	2020/10/1	GY-003
11	JH-010	2020/10/10	GY-003

图 7-10 "进货单"工作表

> 💊注意

　　"进货单"工作表中的供应商 ID 必须是"供应商"工作表中已有的 ID，编辑时可以通过数据验证保证其合法性。

　　① 选中要输入供应商"ID"的单元格区域 C 列。

　　② 在"数据"→"数据工具"中单击"数据验证"按钮，打开"数据验证"对话框，在"设置"选项卡中进行如图 7-11 所示的设置，在"出错警告"选项卡中进行如图 7-12 所示的设置。

图 7-11　"进货单"工作表中"供应商 ID"字段的数据验证设置

图 7-12　"进货单"工作表中"供应商 ID"字段的出错警告设置

　　③ 经过以上设置后，编辑"供应商 ID"字段时，若输入未曾在"供应商"工作表中出现

过的 ID，则会出现如图 7-13 所示的"无效数据"对话框。

图 7-13　"进货单"工作表中"供应商 ID"字段的"无效数据"对话框

（2）输入"进货明细"工作表中的内容

"进货明细"工作表用来存储进货单中的具体商品信息，包括"进货单号""商品 ID""进货数量"和"进价"字段，如图 7-14 所示。

	A	B	C	D
1	进货单号	商品ID	进货数量	进价
2	JH-001	SP-001	100	4.00
3	JH-001	SP-002	50	2.00
4	JH-001	SP-003	20	0.80
5	JH-001	SP-007	100	3.50
6	JH-001	SP-008	200	1.50
7	JH-001	SP-009	200	0.25
8	JH-001	SP-011	80	0.80
9	JH-001	SP-012	30	1.20
10	JH-001	SP-013	20	10.80
11	JH-001	SP-014	20	16.80

图 7-14　"进货明细"工作表

> **注意**
>
> "进货明细"工作表中的进货单号必须是"进货单"工作表中已有的"单号"，"商品 ID"必须是"商品"工作表中已有的 ID。

2. 输入销售单

处理方法与进货单类似。

（1）输入"销售单"工作表中的内容

输入"销售单"工作表中的内容，如图 7-15 所示。

（2）输入"销售明细"工作表中的内容

输入"销售明细"工作表中的内容，如图 7-16 所示。

	A	B	C
1	单号	日期	客户ID
2	XS-001	2019/8/8	KH-001
3	XS-002	2019/10/1	KH-003
4	XS-003	2020/1/1	KH-003
5	XS-004	2020/1/1	KH-003
6	XS-005	2020/1/5	KH-003
7	XS-006	2020/2/2	KH-001
8	XS-007	2020/2/12	KH-008
9	XS-008	2020/2/12	KH-001
10	XS-009	2020/5/5	KH-001
11	XS-010	2020/6/15	KH-011

图 7-15　"销售单"工作表

	A	B	C	D
1	销售单号	商品ID	销售数量	售价
2	XS-001	SP-001	10	5.00
3	XS-001	SP-002	10	2.50
4	XS-002	SP-001	10	5.00
5	XS-002	SP-003	20	1.20
6	XS-002	SP-009	20	0.35
7	XS-002	SP-011	10	1.20
8	XS-002	SP-025	8	23.00
9	XS-002	SP-026	10	4.80
10	XS-002	SP-029	3	3.00
11	XS-002	SP-035	5	54.00

图 7-16　"销售明细"工作表

工作表数据输入完成以后，可以进行适当修饰美化，金额数值保留两位小数，设置边框，取消零值显示，给偶数行填充浅灰色背景。

文具店进销存管理系统的原始数据都在"商品""供应商""客户""进货单""进货明细""销售单"和"销售明细"这 7 个工作表中，其他所有的信息都是在此基础上得出的。其中，"商品""供应商"和"客户"工作表中是相对固定的数据，只有在出现新的商品、客户或供应商时才需要在相应表中添加记录；而日常进货数据保存在"进货单"和"进货明细"工作表中，日常销售数据保存在"销售单"和"销售明细"工作表中，这些表是在有新的进货或销售业务时都需要添加记录的。

> 💡 说明
>
> 这 7 个表并不是孤立存在，而是互相关联的，表间关系如图 7-17 所示。图中，用钥匙符号🔑标识的字段为主键，用来唯一识别一条记录，如"商品"表中 ID 字段。主键也可以是多字段的，如"进货明细"表的主键为"进货单号"和"商品 ID"。不同表之间通过关联字段建立了对应关系，如通过"商品"表中的 ID 字段与"进货明细"表中的"商品 ID"字段，"商品"表与"进货明细"表建立了一对多的对应关系。其含义为，对于"商品"表中的任意记录，在"进货明细"表中有任意条（0 条、1 条或多条）记录与其对应；对于"进货明细"表中的任意记录，在"商品"表中有且只有一条记录与其对应。
>
>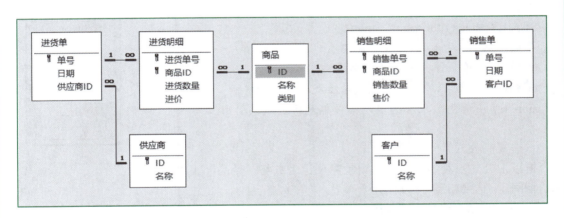
>
> 图 7-17 "文具店进销存管理系统"表间关系图

7.2.3 库存管理

1. 计算库存数量

"库存"工作表用于记录当前的库存数据，是通过"进货明细"和"销售明细"计算得出的。

（1）输入表头

输入"库存"工作表表头，结果如图 7-18 所示。

微课 7-1
计算库存数量

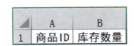

图 7-18 "库存"工作表表头

109

（2）编制公式

① 编制"商品 ID"公式

• 💭思路 •

"商品 ID"直接从"商品"工作表中引入。

A2：=商品!A2

② 编制"库存数量"公式

• 💭思路 •

库存数量=进货总数-销售总数。

B2：=SUMIF(进货明细!B:B,A2,进货明细!C:C)-SUMIF(销售明细!B:B,A2,销售明细!C:C)

关键知识点

SUMIF 函数

用途：

根据指定条件对若干单元格、单元格区域或引用求和。

语法：

SUMIF(range,criteria,sum_range)

参数：

range 为用于条件判断的单元格区域；

criteria 是由数字、逻辑表达式等组成的判定条件；

sum_range 为需要求和的单元格、单元格区域或引用。

	A	B
1	商品ID	库存数量
2	SP-001	60
3	SP-002	2
4	SP-003	40
5	SP-004	5
6	SP-005	23
7	SP-006	40
8	SP-007	130
9	SP-008	176
10	SP-009	269
11	SP-010	215

（3）复制公式

把以上公式复制到所有商品记录中（记录数与"商品"工作表中的相同），结果如图 7-19 所示。

图 7-19 "库存"工作表

2. 生成"库存详情"工作表

库存数量通过计算得出后，与库存有关的数据就已经完备了，接下来的工作就是在基本数据的基础上进行库存查询与统计分析工作。

库存数据分别位于不同的工作表，对于某一商品，其商品名称在"商品"工作表，库存数量在"库存"工作表等。为了便于对库存进行查询与分析，把与库存有关的数据汇总起来，生成"库存详情"工作表。库存相关操作直接在"库存详情"工作表中进行，不需要调用其他工作表。

（1）输入表头

输入"库存详情"工作表表头，结果如图 7-20 所示。

	A	B	C	D	E	F
1	商品ID	商品名称	商品类别	库存数量	进价	金额

图 7-20 "库存详情"工作表表头

（2）编制公式

① 编制"商品 ID"公式。

> 🐿思路
>
> "商品 ID"直接从"库存"工作表中引入。

A2：=库存!A2

② 编制"商品名称"公式。

> 🐿思路
>
> "商品名称"通过"商品 ID"在"商品"工作表中查找得出。

B2：=VLOOKUP(A2,商品!A:B,2,FALSE)

③ 编制"商品类别"公式。

> 🐿思路
>
> "商品类别"通过"商品 ID"在"商品"工作表中查找得出。

C2：=VLOOKUP(A2,商品!A:C,3,FALSE)

④ 编制"库存数量"公式。

> 🐿思路
>
> "库存数量"直接从"库存"工作表中引入。

D2：=库存!B2

⑤ 编制"进价"公式。

> 🐿思路
>
> 通过"商品 ID"在"进货明细"工作表中查找，若有过进货，返回"进价"。

E2：=IFERROR(VLOOKUP(A2,进货明细!B:D,3,FALSE),0)

⑥ 编制"金额"公式。

> 🐿思路
>
> 金额=库存数量×进价。

F2：=D2*E2

（3）复制公式

把以上公式复制到所有库存记录（记录数与"库存"工作表中的相同）中，结果如图 7-21 所示。

	A	B	C	D	E	F
1	商品ID	商品名称	商品类别	库存数量	进价	金额
2	SP-001	中性笔	书写工具	60	4.00	240.00
3	SP-002	中性笔芯	书写工具	2	2.00	4.00
4	SP-003	回形针	办公文具	40	0.80	32.00
5	SP-004	削笔器	日常用品	5	25.50	127.50
6	SP-005	碎纸机	办公设备	23	500.00	11500.00
7	SP-006	剪刀	办公文具	40	3.50	140.00
8	SP-007	便条纸	办公文具	130	3.50	455.00
9	SP-008	5号碱性电池	日常用品	176	1.50	264.00
10	SP-009	2B绘图铅笔	书写工具	269	0.25	67.25
11	SP-010	A4/80g复印纸	纸制品	215	13.60	2924.00

图 7-21 "库存详情"工作表

3. 库存查询

在进销存系统中，库存查询是一项很重要的工作。库存查询可以在"库存详情"工作表的基础上，通过高级筛选来实现。

微课 7-2
库存查询

（1）建立条件区域

在"库存查询"工作表的 A1:F2 单元格区域建立条件区域，不同单元格中的条件是"与"的关系。图 7-22 所示为查找带"笔"字的商品库存时的条件区域。

	A	B	C	D	E	F
1	商品ID	商品名称	商品类别	库存数量	进价	金额
2		*笔*				

图 7-22 "库存查询"条件区域

（2）录制宏

如果直接用高级筛选进行查找，当条件区域发生改变时，筛选结果不会自动更新。为此，可以将整个高级筛选的操作步骤录制为宏，并命名为"高级筛选"，需要自动更新时只要执行宏"高级筛选"就可以了，具体操作步骤如下。

① 在"库存查询"工作表中单击数据列表外的任一单元格，在"开发工具"→"代码"组中单击"录制"按钮，打开"录制新宏"对话框，将"宏名"设置为"高级筛选"，如图 7-23 所示。单击"确定"按钮，退出对话框，同时进入宏录制过程。

② 在"数据"→"排序与筛选"组中单击"高级"按钮，打开"高级筛选"对话框，进行如图 7-24 所示的设置，单击"确定"按钮。

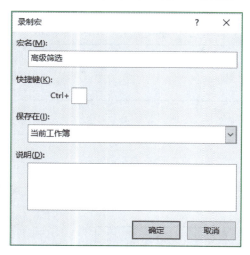

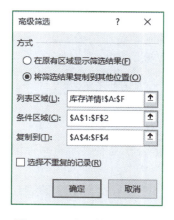

图 7-23 在"录制新宏"对话框中设置宏名　　　　图 7-24 "高级筛选"对话框

③ 在"开发工具"→"代码"组中单击"停止录制"按钮，上一步的操作过程已被记录到宏"高级筛选"中。

④ 将工作簿文件保存为可以运行宏的格式"进销存管理.xlsm"。

宏录制完成后，在"开发工具"→"代码"组中单击"宏"按钮，打开"宏"对话框，如

图 7-25 所示。选择宏名"高级筛选"并单击"执行"按钮，就可对筛选结果自动更新。

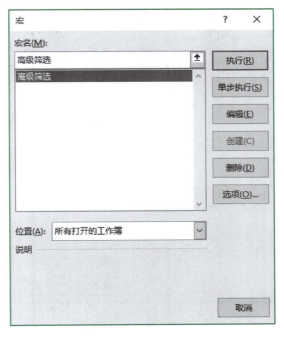

图 7-25 "宏"对话框

关键知识点

宏

宏是由一个或多个操作组成的集合，实际上可以看作是批处理。

当用户需要重复进行多个操作时，只需将这些操作步骤录制成宏，以后只要执行这个宏，计算机就会自动执行宏中所有的操作，从而达到简化使用的目的。宏还可以扩展软件的功能。

录制宏的过程就是记录键盘和鼠标操作的过程。录制宏时，宏录制器会记录完成操作所需的一切步骤，但是记录的步骤不包括在功能区中导航的操作。

宏实际上是由 VBA 命令组成的，可以通过录制 Excel 的操作来产生宏，也可以直接写 VBA 命令来产生宏。

（3）通过按钮执行宏

直接执行宏的步骤比较烦琐，为此可以添加一个按钮，通过按钮来执行宏。

① 在"开发工具"→"控件"组中单击"插入"按钮，在打开的"控件工具箱"中选择"表单控件"组中的"按钮（窗体控件）"，鼠标指针变为十字，在工作表中拖出一个按钮，同时自动打开"指定宏"对话框，如图 7-26 所示，指定宏名为"高级筛选"，单击"确定"按钮。

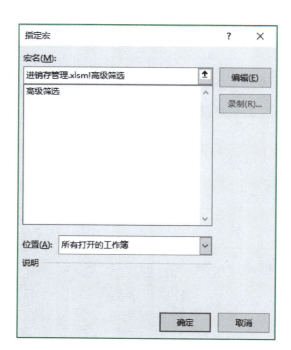

图 7-26 "指定宏"对话框

② 右击添加的按钮，在打开的快捷菜单中选择"编辑文字"命令，设置按钮上的文字为"查询"。更改条件区域后，单击"查询"按钮，就可实现高级筛选结果的自动更新，库存查询结果如图 7-27 所示。

	A	B	C	D	E	F	G	H
1	商品ID	商品名称	商品类别	库存数量	进价	金额		
2		*笔*		>100				查询
3								
4	商品ID	商品名称	商品类别	库存数量	进价	金额		
5	SP-009	2B绘图铅笔	书写工具	269	0.25	67.25		
6	SP-038	签字笔	书写工具	279	3.05	850.95		
7	SP-048	中性笔	书写工具	120	0.40	48.00		
8	SP-051	白板笔	书写工具	250	5.00	1250.00		

图 7-27 库存查询结果

4. 库存警戒设置

库存警戒线就是当商品需要补货时的库存数量，不同商品警戒线可能并不相同，一般根据销售情况来设定。

本案例假定所有商品库存警戒线都为 10，要求把低于警戒线的库存数量单元格突出显示。具体操作步骤如下。

① 复制"库存详情"工作表中的数据到"库存警戒"工作表中，并选中"库存警戒"工作表。

② 选中库存数量所在的单元格区域 D2:D76，在"开始"→"样式"组中单击"条件格式"按钮，使用条件格式完成设置。结果如图 7-28 所示。

	A	B	C	D	E	F
1	商品ID	商品名称	商品类别	库存数量	进价	金额
2	SP-001	中性笔	书写工具	60	4.00	240.00
3	SP-002	中性笔芯	书写工具	2	2.00	4.00
4	SP-003	回形针	办公文具	40	0.80	32.00
5	SP-004	削笔器	日常用品	5	25.50	127.50
6	SP-005	碎纸机	办公设备	23	500.00	11500.00
7	SP-006	剪刀	办公文具	40	3.50	140.00
8	SP-007	便条纸	办公文具	130	3.50	455.00
9	SP-008	5号碱性电池	日常用品	176	1.50	264.00
10	SP-009	2B绘图铅笔	书写工具	269	0.25	67.25
11	SP-010	A4/80g复印纸	纸制品	215	13.60	2924.00

图 7-28　突出显示库存数量小于 10 的"库存警戒"工作表

5. 库存结构分析

库存结构是指商品库存中各类商品所占的比例，它反映库存商品结构状态和库存商品质量。商业企业在改善经营管理中都要定期分析商品库存结构，研究库存结构与经营结构的比例关系，从而发现问题，找出原因，采取措施，不断改善库存商品结构，提高商品库存质量。

微课 7-3
库存结构分析

下面介绍按商品类别统计库存品种数，并制作图表的过程。

（1）使用分类汇总按类别统计库存品种数

① 复制"库存详情"工作表中的数据到"库存结构"工作表中，并选中"库存结构"工作表。

② 按汇总字段"商品类别"对数据清单进行排序（分类）。

③ 单击数据清单中的任一单元格，在"数据"→"分级显示"组中单击"分类汇总"按钮，打开"分类汇总"对话框。对话框中选择各选项，如图 7-29 所示，单击"确定"按钮。

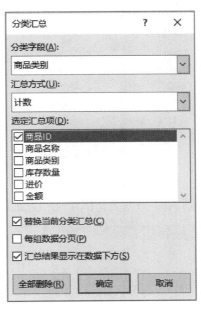

图 7-29　"分类汇总"对话框

（2）复制小计数据

分类汇总操作会改变数据源。汇总结果可以分级显示，将分级显示的数据隐藏部分明细后，直接复制会连隐藏内容一起复制。如果只想复制显示的内容，可以通过以下操作步骤实现。

① 单击分级显示编号 1 2 3 中的级别编号 "2"，隐藏不需要复制的明细数据，如图 7-30 所示。

1	商品ID	商品名称	商品类别	库存数量	进价	金额
9	7		办公设备 计数			
34	24		办公文具 计数			
49	14		日常用品 计数			
68	18		书写工具 计数			
81	12		纸制品 计数			
82	75		总 计数			

图 7-30 隐藏不需要复制的数据

② 选择要复制的区域 A1:F81。

③ 在 "开始" → "编辑" 组中单击 "查找和选择" 按钮，从打开的下拉菜单中选择 "定位条件" 命令，打开 "定位条件" 对话框。在对话框中选中 "可见单元格" 单选项，如图 7-31 所示，单击 "确定" 按钮。

图 7-31 "定位条件" 对话框

④ 将选中的分级数据复制到 A84 为左上角的单元格区域，结果如图 7-32 所示。

	A	B	C	D	E	F
83						
84	商品ID	商品名称	商品类别	库存数量	进价	金额
85	7		办公设备 计数			
86	24		办公文具 计数			
87	14		日常用品 计数			
88	18		书写工具 计数			
89	12		纸制品 计数			

图 7-32 复制后的小计数据

进行整理后的结果如图 7-33 所示。

	A	B
90		
91	商品类别	库存品种
92	办公设备	7
93	办公文具	24
94	日常用品	14
95	书写工具	18
96	纸制品	12

图 7-33 整理后的小计数据

（3）制作图表

选中单元格区域 A91:B96，制作库存结构分析饼图（品种），如图 7-34 所示。

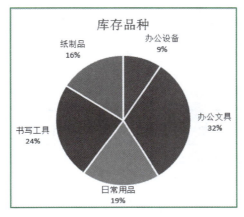

图 7-34 库存结构分析饼图（品种）

用同样的方法，可以制作库存结构分析饼图（金额），如图 7-35 所示。

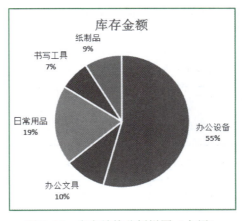

图 7-35 库存结构分析饼图（金额）

7.2.4 销售单打印

1. 生成"销售详情"工作表

为了便于分析销售数据，把与销售有关的数据汇总起来，生成"销售详情"工作表，表中数据按"销售单号+商品 ID"排序。数据分析直接在"销售详情"工作表中进行，不需要调用其他工作表。

（1）输入表头

输入"销售详情"工作表表头，结果如图 7-36 所示。

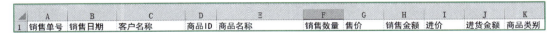

	A	B	C	D	E	F	G	H	I	J	K
1	销售单号	销售日期	客户名称	商品ID	商品名称	销售数量	售价	销售金额	进价	进货金额	商品类别

图 7-36　"库存详情"工作表表头

（2）编制公式

① 编制"销售单号"公式。

> 思路
>
> "销售单号"直接从"销售明细"工作表中引入。

A2：=销售明细!A2

② 编制"销售日期"公式。

> 思路
>
> "销售日期"通过销售单号在"销售单"工作表中查找得出。

B2：=VLOOKUP(A2,销售单!A:B,2,FALSE)

③ 编制"客户名称"公式。

> 思路
>
> 首先用过"销售单号"在"销售单"工作表中找出客户 ID，再用客户 ID 在"客户"工作表中找出客户名称。

C2：=VLOOKUP(VLOOKUP(A2,销售单!A:C,3,FALSE),客户!A:B,2,FALSE)

④ 编制"商品 ID"公式。

> 思路
>
> "商品 ID"直接从"销售明细"工作表中引入。

D2：=销售明细!B2

⑤ 编制"商品名称"公式。

> 思路
>
> "商品名称"通过商品 ID 在"商品"工作表中查找得出。

E2：=VLOOKUP(D2,商品!A:B,2,FALSE)

⑥ 编制"销售数量"公式。

> 思路
>
> "销售数量"直接从"销售明细"工作表中引入。

F2：=销售明细!C2

⑦ 编制"售价"公式。

> 🎯思路
>
> "售价"直接从"销售明细"工作表中引入。

G2：=销售明细!D2

⑧ 编制"销售金额"公式。

> 🎯思路
>
> 销售金额=销售数量*售价。

H2：=F2*G2

⑨ 编制"进价"公式。

> 🎯思路
>
> "进价"通过商品 ID 在"进货明细"工作表中查找得出。

I2：=VLOOKUP(D2,进货明细!B:D,3,FALSE)

⑩ 编制"进货金额"公式。

> 🎯思路
>
> 进货金额=销售数量*进价。

J2：=F2*I2

⑪ 编制"商品类别"公式。

> 🎯思路
>
> "商品类别"通过商品 ID 在"商品"工作表中查找得出。

K2：=VLOOKUP(D2,商品!A:C,3,FALSE)

（3）复制公式

把以上公式复制到所有销售记录中（记录数与"销售明细"工作表中的相同），结果如图 7-37 所示。

	A	B	C	D	E	F	G	H	I	J	K
1	销售单号	销售日期	客户名称	商品ID	商品名称	销售数量	售价	销售金额	进价	进货金额	商品类别
2	XS-001	2019/8/8	零售	SP-001	中性笔	10	5.00	50.00	4.00	40.00	书写工具
3	XS-001	2019/8/8	零售	SP-002	中性笔芯	10	2.50	25.00	2.00	20.00	书写工具
4	XS-002	2019/10/1	幸福小学	SP-001	中性笔	10	5.00	50.00	4.00	40.00	书写工具
5	XS-002	2019/10/1	幸福小学	SP-003	回形针	20	1.20	24.00	0.80	16.00	办公文具
6	XS-002	2019/10/1	幸福小学	SP-009	2B绘图铅笔	20	0.35	7.00	0.25	5.00	书写工具
7	XS-002	2019/10/1	幸福小学	SP-011	双面胶带1/2*22*9m	1	12.00	12.00	0.80	8.00	日常用品
8	XS-002	2019/10/1	幸福小学	SP-025	圆规	8	23.00	184.00	17.80	142.40	办公文具
9	XS-002	2019/10/1	幸福小学	SP-026	资料册	10	4.80	48.00	3.00	30.00	办公文具
10	XS-002	2019/10/1	幸福小学	SP-029	修正带	3	3.00	9.00	2.40	7.20	书写工具
11	XS-002	2019/10/1	幸福小学	SP-035	A3/80g复印纸	5	54.00	270.00	43.20	216.00	纸制品

图 7-37 "销售详情"工作表

2. 销售单打印

下面根据单号打印销售单（假定每张销售单包含的销售明细最多不超过 15 条记录）。

（1）绘制空白销售单

绘制的空白销售单如图 7-38 所示。

微课 7-4
销售单打印

图 7-38　空白销售单

（2）输入要打印的销售单号

要打印的单号必须是已经存在的。通过"数据验证"限制 F20 单元格的输入，参数设置如图 7-39 所示。

经过以上设置后，选中 F20 单元格时，其右侧会出现一个下三角按钮，在下拉列表中提供了所有已有的销售单号，以供选择，如图 7-40 所示。

图 7-39　对"单号"设置数据验证

图 7-40　"单号"下拉列表

（3）编制公式

① 编制"购货单位"公式。

🥦思路

　　首先通过销售单号在"销售单"工作表中找到对应的"客户 ID"，再通过"客户 ID"在"客户"工作表中查找得到客户名称。

B2：=VLOOKUP(VLOOKUP(F20,销售单!A:C,3,FALSE),客户!A:B,2,FALSE)

② 编制"日期"公式。

> **思路**
>
> 通过销售单号在"销售单"工作表中找到对应的日期。

F2：=VLOOKUP(F20,销售单!A:B,2,FALSE)

③ 编制"销售明细"公式。

> **思路**
>
> 因"销售详情"工作表是按"销售单号"排序的，在该工作表中找到该单号的第 1 条记录，然后按照顺序显示该单号的所有记录即可。

在 B4:F18 单元格区域中输入数组公式：

=OFFSET(销售详情!A1,

MATCH(F20,销售详情!A2:A101,0),

3,

COUNTIF(销售明细!A2:A101,F20),

5)

以销售单号 F20 为 XS-002 时为例，实际上把"销售详情"工作表中如图 7-41 所示的灰色背景的单元格区域复制到销售单的明细部分即可。

	A	B	C	D	E	F	G	H	I	J	K
1	销售单号	销售日期	客户名称	商品ID	商品名称	销售数量	售价	销售金额	进价	进货金额	商品类别
2	XS-001	2019/8/8	零售	SP-001	中性笔	10	5.00	50.00	4.00	40.00	书写工具
3	XS-001	2019/8/8	零售	SP-002	中性笔芯	10	2.50	25.00	2.00	20.00	书写工具
4	XS-002	2019/10/1	幸福小学	SP-001	中性笔	10	5.00	50.00	4.00	40.00	书写工具
5	XS-002	2019/10/1	幸福小学	SP-003	回形针	20	1.20	24.00	0.80	16.00	办公文具
6	XS-002	2019/10/1	幸福小学	SP-009	2B绘图铅笔	20	0.35	7.00	0.25	5.00	书写工具
7	XS-002	2019/10/1	幸福小学	SP-011	双面胶带1/2*22*9m	10	1.20	12.00	0.80	8.00	日用品
8	XS-002	2019/10/1	幸福小学	SP-025	圆规	8	23.00	184.00	17.80	142.40	办公文具
9	XS-002	2019/10/1	幸福小学	SP-026	资料册	10	4.80	48.00	3.00	30.00	办公文具
10	XS-002	2019/10/1	幸福小学	SP-029	修正带	3	3.00	9.00	2.40	7.20	书写工具
11	XS-002	2019/10/1	幸福小学	SP-035	A3/80g复印纸	5	54.00	270.00	43.20	216.00	纸制品
12	XS-002	2019/10/1	幸福小学	SP-061	圆珠笔	20	1.30	26.00	1.00	20.00	书写工具
13	XS-002	2019/10/1	幸福小学	SP-063	红蓝铅笔	10	0.60	6.00	0.45	4.50	书写工具
14	XS-003	2020/1/1	幸福小学	SP-014	玻璃围棋	10	21.00	210.00	16.80	168.00	日用品
15	XS-004	2020/1/1	幸福小学	SP-061	圆珠笔	15	1.30	19.50	1.00	15.00	书写工具

图 7-41 "销售详情"工作表中销售单号为 XS-002 的数据

公式中，MATCH(F20,销售详情!A2:A101,0)函数返回单号为 XS-002 的销售单中的第 1 条记录在"销售详情"工作表中的相对位置，即记录号。该销售单的第 1 条记录是"销售详情"工作表中的第 3 条记录（行号为 4），因而返回 3。

OFFSET(销售详情!A1,MATCH(F20,销售详情!A2:A101,0),3,COUNTIF(销售明细!A2:A101,F20),5)函数返回的就是图 7-41 中的灰色背景单元格区域 D4:H13。其中，第 1 个参数是参照区域，即基准单元格 A1；第二个参数是目标区域左上角单元格相对于参照区域左上角单元格偏移的行数，即 MATCH 函数的返回值 3；第 3 个参数为偏移的列数 3；第 4 个参数为目标区域的行数，亦即本销售单的总记录数，通过 COUNTIF(销售明细!A2:A101,F20)函数得出；第 5 个参数为目标区域的列数 5。

结果如图 7-42 所示。

序号	商品ID	商品名称	数量	单价	金额
		销售清单			
购货单位：	幸福小学			日期：	2019/10/1
1	SP-001	中性笔	10	5.00	50.00
2	SP-003	回形针	20	1.20	24.00
3	SP-009	2B绘图铅笔	20	0.35	7.00
4	SP-011	双面胶带1/2*22*9m	10	1.20	12.00
5	SP-025	圆规	8	23.00	184.00
6	SP-026	资料册	10	4.80	48.00
7	SP-029	修正带	3	3.00	9.00
8	SP-035	A3/80g复印纸	5	54.00	270.00
9	SP-061	圆珠笔	20	1.30	26.00
10	SP-063	红蓝铅笔	10	0.60	6.00
11	#N/A	#N/A	#N/A	#N/A	#N/A
12	#N/A	#N/A	#N/A	#N/A	#N/A
13	#N/A	#N/A	#N/A	#N/A	#N/A
14	#N/A	#N/A	#N/A	#N/A	#N/A
15	#N/A	#N/A	#N/A	#N/A	#N/A
合计	金额大写	人民币陆佰叁拾陆元整			¥636.00
				单号：	XS-002

图 7-42　销售单

为便于扩充数据，可改为以下公式：

=OFFSET(销售详情!D1,MATCH(F20,销售详情!A:A,0)-1,0,COUNTIF(销售详情!A:A,F20),5)

在 B4:F18 单元格区域中设置条件格式，如图 7-43 所示，将有效行以后的数据字体颜色设置为与背景色相同的白色，以屏蔽无效数据，最终结果如图 7-44 所示。

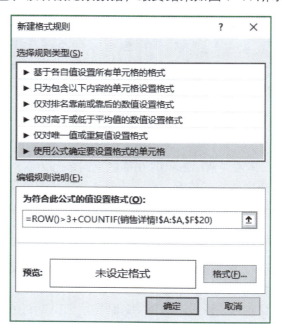

图 7-43　在"新建格式规则"对话框中设置参数

	A	B	C	D	E	F
1			销售清单			
2	购货单位：	幸福小学			日期：	2019/10/1
3	序号	商品ID	商品名称	数量	单价	金额
4	1	SP-001	中性笔	10	5.00	50.00
5	2	SP-003	回形针	20	1.20	24.00
6	3	SP-009	2B绘图铅笔	20	0.35	7.00
7	4	SP-011	双面胶带1/2*22*9m	10	1.20	12.00
8	5	SP-025	圆规	8	23.00	184.00
9	6	SP-026	资料册	10	4.80	48.00
10	7	SP-029	修正带	3	3.00	9.00
11	8	SP-035	A3/80g复印纸	5	54.00	270.00
12	9	SP-061	圆珠笔	20	1.30	26.00
13	10	SP-063	红蓝铅笔	10	0.60	6.00
14						
15						
16						
17						
18						
19	合计	金额大写：	人民币陆佰叁拾陆元整			¥636.00
20					单号：	XS-002

图 7-44　不显示无效行的销售单

关键知识点

数组公式

数组公式是对公式和数组的一种扩充，是公式以数组为参数时的一种应用。

作用：

对一组或多组值执行多重计算，并返回一个或多个结果。

特点：

数组公式的参数是数组，即输入有多个值；输出结果可能是一个，也可能是多个。这一个或多个值是公式对多重输入进行复合运算而得到的新数组中的元素。

输入：

输入数组公式时，首先必须选择用来存放结果的单元格区域（可以是一个单元格），在编辑栏输入公式，然后按 Ctrl + Shift + Enter 组合键锁定数组公式，Excel 将在公式两边自动加上花括号"{}"（不要手动输入花括号）。

输出：

由于数组公式是对数组进行运算，数组可以是一维的也可以是二维的。一维数组可以是垂直的，也可以是水平的。经过运算后，得到的结果可能是一维的，也可能是多维的，存放在不同的单元格区域中。

编辑：

数组包含多个单元格，这些单元格形成一个整体，所以，不能对数组里的某一单元格单

123

独编辑。在编辑数组前，必须先选中整个数组；编辑完成后，按 Ctrl + Shift + Enter 组合键即可。

选中：

选中数组公式所在的任意单元格，在"开始"→"编辑"组中单击"查找和选择"按钮，从打开的下拉菜单中选择"定位条件"命令，打开"定位条件"对话框，在对话框中选中"当前数组"单选项。

MATCH 函数

用途：

在单元格区域中搜索指定项，然后返回该项在其中的相对位置。如果需要找出匹配元素的位置，而不是匹配元素本身，则应该使用 MATCH 函数。

语法：

MATCH(lookup_value，lookup_array，match_type)。

参数：

lookup_value 为需要在 lookup_array 中查找的值，它可以是值（数字、文本或逻辑值)，也可以是对数字、文本或逻辑值的单元格引用。

lookup_array 是要搜索的单元格区域，可以是数组或数组引用。

match_type 为数字 -1、0 或 1，它说明 Excel 如何在 lookup_array 中查找 lookup_value。如果 match_type 为 1，函数 MATCH 查找小于或等于 lookup_value 的最大数值；如果 match_type 为 0，函数 MATCH 查找等于 lookup_value 的第一个数值；如果 match_type 为 -1，函数 MATCH 查找大于或等于 lookup_value 的最小数值。

> 📌 注意
>
> MATCH 函数返回 lookup_array 中目标值的位置，而不是值本身。如果 match_type 为 0 且 lookup_value 为文本，lookup_value 可以包含通配符("*"和"?")。

实例：

如果 A1=68、A2=76、A3=85、A4=90，则公式 "=MATCH(90,A1:A5,0)" 返回 4。

OFFSET 函数

用途：

以指定的引用为参照系，通过给定偏移量得到新的引用。返回的引用可以是一个单元格或单元格区域，并可以指定返回的行数或列数。

语法：

OFFSET(reference,rows,cols,height,width)。

参数：

reference 是作为偏移量参照系的引用区域，它必须是对单元格或相连单元格区域的引用。

rows 是目标引用区域的左上角单元格相对于偏移量参照系的左上角单元格上（下）偏移的行数。行数可为正数（在起始引用的下方）或负数（在起始引用的上方）。

cols 是目标引用区域的左上角单元格相对于偏移量参照系的左上角单元格左（右）偏移的列数。列数可为正数（在起始引用的右边）或负数（在起始引用的左边）。

height 是要返回的引用区域的行数，Height 必须为正数。

width 是要返回的引用区域的列数，Width 必须为正数。

实例：

如果 A1=68、A2=76、A3=85、A4=90，则公式"=SUM(OFFSET(A1:A2,2,0,2,1))"返回 175。

④ 计算金额合计。

> **思路**
>
> 在"销售详情"工作表中统计该单号的总金额。

F19：=SUMIF(销售详情!A:A,F20,销售详情!H:H)

⑤ 编制"金额大写"公式。

> **思路**
>
> 设金额为 y.jf，则
>
> y>0 时，y 转换为"y 元"。
>
> jf 转换为"j 角 f 分"，如果 jf=0，替换为"整"；如果出现"零角"，y>0 时"零角"替换为"零"，y=0 时删除"零角"；如果出现"零分"，删除"零分"。

C19：

="人民币"

&TEXT(INT(F19),"[dbnum2]G/通用格式元;;")

&SUBSTITUTE(SUBSTITUTE(TEXT(MOD(F19,1)*100,"[dbnum2]0 角 0 分;;整"),"零角",IF(F19<1,"","零")),"零分","")

关键知识点

TEXT 函数

用途：

将数值转换为按指定数字格式表示的文本。

语法：

TEXT(value,format_text)。

参数：

value 是数值、计算结果是数值的公式或对数值单元格的引用；

format_text 是所要选用的文本型数字格式，即"单元格格式"对话框中"数字"选项卡的"分类"列表框中显示的格式，它不能包含星号"*"。

> **注意**
>
> 在"单元格格式"对话框的"数字"选项卡中设置单元格格式，只会改变单元格的格式，而不会影响其中的数值。使用函数 TEXT 可以将数值转换为带格式的文本，其结果将不再作为数字参与计算。

实例：

如果 A1=2986.638，则公式 "=TEXT(A1,"#,##0.00")" 返回 2,986.64，"=TEXT(108000, "[DBNum2]")" 返回 "壹拾万捌仟"。

（4）页面设置

进行页面设置的具体操作步骤如下。

① 在 "页面布局" → "页面设置" 组中单击对话框启动器按钮 ，打开 "页面设置" 对话框。

② 在 "页边距" 选项卡中，"居中方式" 选中 "水平"。

③ 在 "页眉/页脚" 选项卡中设置页眉和页脚，如图 7-45 所示。

图 7-45　"页面设置" 对话框的 "页眉/页脚" 选项卡

④ 选中单元格区域 A1:F20，在 "页面布局" → "页面设置" 组中单击 "打印区域" 按钮，在打开的下拉菜单中选择 "设置打印区域" 命令。

（5）打印预览

单击快速访问工具栏中的 "打印预览和打印" 按钮 ，打印预览结果如图 7-46 所示。

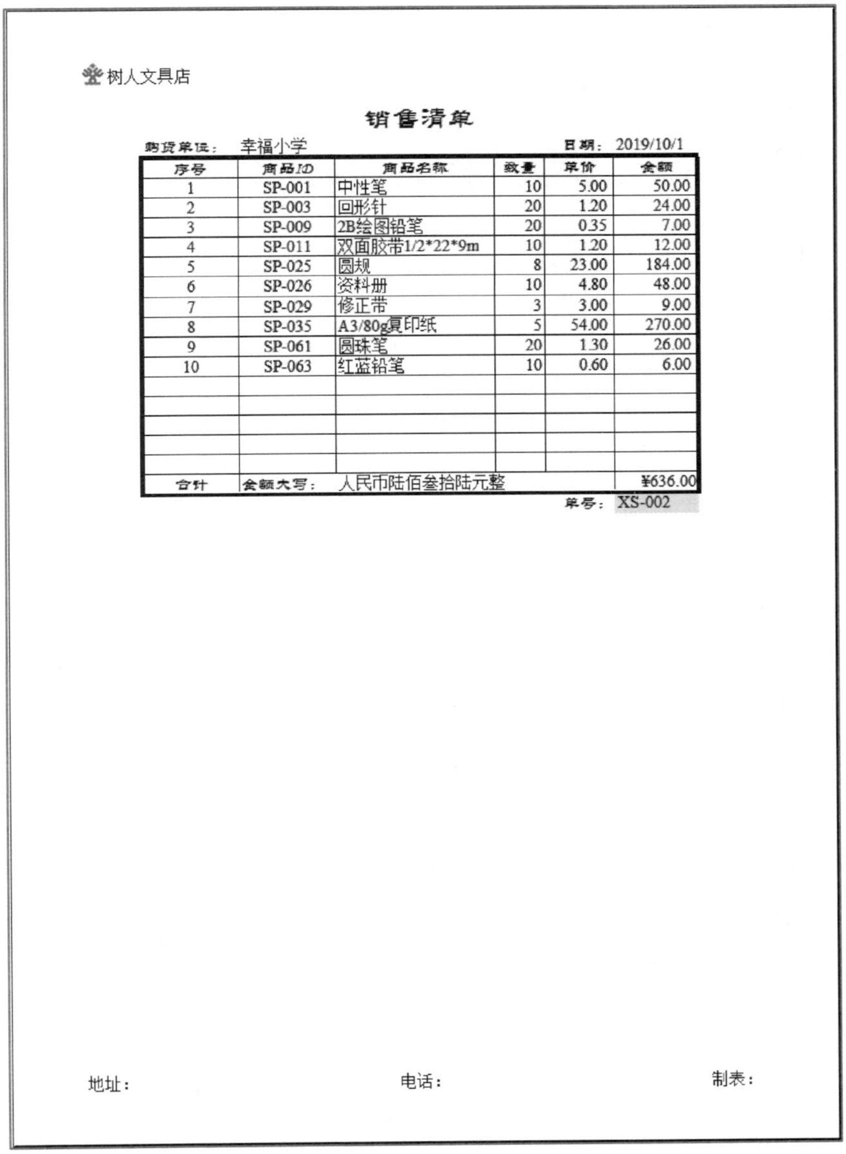

树人文具店

销售清单

购货单位：幸福小学　　　　日期：2019/10/1

序号	商品ID	商品名称	数量	单价	金额
1	SP-001	中性笔	10	5.00	50.00
2	SP-003	回形针	20	1.20	24.00
3	SP-009	2B绘图铅笔	20	0.35	7.00
4	SP-011	双面胶带1/2*22*9m	10	1.20	12.00
5	SP-025	圆规	8	23.00	184.00
6	SP-026	资料册	10	4.80	48.00
7	SP-029	修正带	3	3.00	9.00
8	SP-035	A3/80g复印纸	5	54.00	270.00
9	SP-061	圆珠笔	20	1.30	26.00
10	SP-063	红蓝铅笔	10	0.60	6.00
合计	金额大写：	人民币陆佰叁拾陆元整			¥636.00

单号：XS-002

地址：　　　　电话：　　　　制表：

图 7-46　销售单打印预览结果

（6）保护单元格

除需要输入单号的单元格 F20 外，其他单元格都不允许被选中、修改。

保护单元格是通过保护工作表来实现的。默认状态下，工作表中的所有单元格都被锁定，在对工作表进行保护后，所有“锁定”的单元格都处于保护状态。如果只保护部分单元格，需要先对不需要保护的单元格取消“锁定”。

保护单元格的具体操作步骤如下。

① 选中 F20 单元格。

在“设置单元格格式”对话框的“保护”选项卡中取消选中“锁定”，如图 7-47 所示。

图 7-47　对不需要保护的单元格取消锁定

②　在"审阅"→"保护"组中单击"保护工作表"按钮，打开"保护工作表"对话框并设置保护选项，如图 7-48 所示。

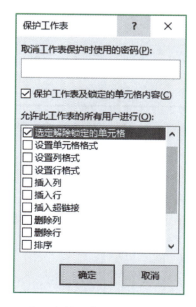

图 7-48　在"保护工作表"对话框中设置参数

7.2.5 营业统计

微课 7-5
营业统计

下面按日期区间统计营业额，操作在"销售详情"工作表的基础上进行。

（1）输入起止日期

选中"营业统计"工作表，在 B1、B2 单元格中输入起始日期、终止日期。

（2）计算进货金额

> 🥦思路
>
> 对在日期范围内的"进货金额"求和。

B3：=SUMPRODUCT(N(销售详情!B:B>=营业统计!B1),N(销售详情!B:B<=营业统计!B2),销售详情!J:J)

关键知识点

SUMPRODUCT 函数

用途：

在给定的几组数组中，将数组间对应的元素相乘，并返回乘积之和。

语法：

SUMPRODUCT(array1,array2,array3,...)

参数：

array1，array2，array3...为 2 至 255 个数组。所有数组的维数必须一样。

实例：

SUMPRODUCT({1,2;3,4;5,6},{7,8;9,10;11,12})=1*7+2*8+3*9+4*10+5*11+6*12=217。

N 函数

用途：

将不是数值形式的值转换为数值形式。将日期转换成序列值，将 TRUE 转换成 1，将其他值转换成 0。

语法：

N(value)

参数：

value 为要转换的值。

（3）计算销售金额

> 🥦思路
>
> 对在日期范围内的"销售金额"求和。

B4：=SUMPRODUCT(N(销售详情!B:B>=营业统计!B1),N(销售详情!B:B<=营业统计!B2),销售详情!H:H)

（4）计算毛利

> **思路**
>
> 毛利=销售金额-进货金额。

B5：==B4-B3

营业统计结果如图 7-49 所示。

	A	B
1	起始日期	2020/1/1
2	终止日期	2020/12/31
3	进价金额	21625.05
4	销售金额	26194.35
5	毛利	4569.30

图 7-49　营业额统计结果

（5）保护单元格

除了需要输入起止日期的单元格 B1、B2，其他单元格都不允许被选中、修改。

7.2.6　销售分析

1. 制作客户排名图

下面制作销售额前 5 名的客户排名图，具体操作步骤如下。

（1）按客户汇总销售金额

① 复制"销售详情"工作表中的数据到"客户排名"工作表中，并选中"客户排名"工作表。

② 按"客户名称"分类汇总，求得各客户的销售总金额，如图 7-50 所示。

	A	B	C	D	E	F	G	H	I	J	K
1	销售单号	销售日期	客户名称	商品ID	商品名称	销售数量	售价	销售金额	进价	进货金额	商品类别
10			百花市场管理处 汇总					2039.00			
27			大华 汇总					5860.00			
42			国土局 汇总					8205.50			
70			零售 汇总					4499.35			
86			幸福小学 汇总					911.50			
100			永久电器厂 汇总					3371.00			
106			张先生 汇总					419.00			
109			中山大学 汇总					1600.00			
110			总计					26905.35			

图 7-50　按客户汇总销售金额

（2）制作客户排行榜

复制汇总结果，用 RANK.EQ 函数计算出名次，然后排序并整理，制作客户排行榜，如图 7-51 所示。

	A	B	C
121			
122	排名	客户名称	销售金额
123	1	国土局	8205.50
124	2	大华	5860.00
125	3	零售	4499.35
126	4	永久电器厂	3371.00
127	5	百花市场管理处	2039.00
128	6	中山大学	1600.00
129	7	幸福小学	911.50
130	8	张先生	419.00

图 7-51　客户排行榜

（3）制作客户排名图

选中单元格区域 B122:C127 制作客户排名图，如图 7-52 所示。

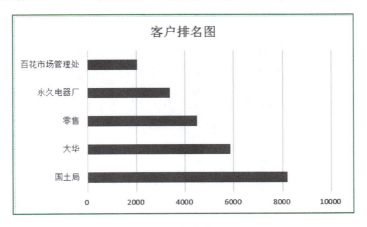

图 7-52　客户排名图

2. 制作销售单金额分布图

下面制作销售单金额分布图，具体操作步骤如下。

（1）汇总各销售单金额

① 复制"销售详情"工作表中的数据到"金额分布"工作表中，并选中"金额分布"工作表。

② 按"销售单号"分类汇总，复制汇总结果并整理，得到各销售单的金额，如图 7-53 所示。

（2）统计指定金额段的销售单数

用频率函数统计各金额段的销售单数，如图 7-54 所示。

	A	B
145		
146	销售单号	销售金额
147	XS-001	75.00
148	XS-002	636.00
149	XS-003	210.00
150	XS-004	65.50
151	XS-005	23.00
152	XS-006	13.00
153	XS-007	512.00
154	XS-008	2000.00
155	XS-009	267.00
156	XS-010	2039.00

图 7-53　各销售单金额

	C	D	E	F
145				
146		金额段	销售单数	
147		＜100	7	99.99
148		[100，1000)	6	999.99
149		[1000，5000)	5	4999.99
150		≥5000	2	

图 7-54　各金额段销售单数

在 E147:E150 单元格区域中输入数组函数：=FREQUENCY(B147:B166,F147:F149)。

（3）制作销售单金额分布图

选中单元格区域 D147:E150 制作图表，如图 7-55 所示。

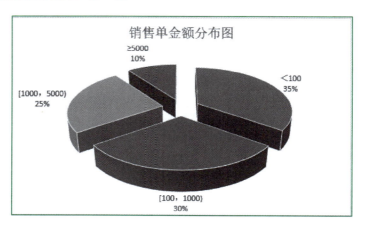

图 7-55　销售单金额分布图

3. 销售综合分析

在"销售详情"工作表的基础上制作数据透视表，可以对销售数据进行全方位的立体分析。

① 选中"销售详情"工作表，并单击数据清单中的任一单元格。

② 在"数据→表格"组中单击"数据透视表"按钮，打开"创建数据透视表"对话框，进行如图 7-56 所示设置，单击"确定"按钮。

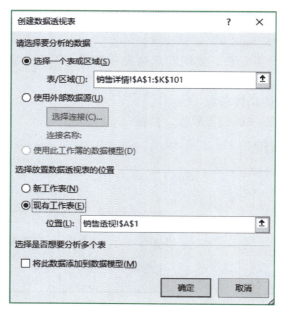

图 7-56　在"创建数据透视表"对话框中设置参数

③ 此时，在"销售透视"工作表中自动创建空白数据透视表，同时打开"数据透视表字段"任务窗格，设置"筛选"为"客户名称"，"行"为"销售日期"，"列"为"商品类别"，"值"为"求和项：销售金额"，结果如图 7-57 所示。

图 7-57　销售数据透视表及参数设置

本 章 小 结

　　文具店进销存管理系统可以快速有效地处理进货、销售、库存和统计等业务。首先需要做好基础数据和日常数据的处理，在此基础上可以进行各种统计分析。

　　本案例较为复杂，关键在于进货、销售和库存等相关工作表的设计。另外，对所涉及的函数要熟练使用。

习 题 7

习题参考答案

1. 在商品基本信息中增加一个"计量单位"字段，试改写本案例。
2. 制作可以选定时间段的客户排名图。

第 **8** 章

BOM 计算

物料清单（Bill Of Material，BOM），是定义产品结构的技术文件，表明了产品→部件→组件→零件→原材料之间的结构关系，以及每个组装件包含的下属部件（或零件）的数量和提前期（Lead Time）。BOM 又称为产品结构表或产品结构树，在某些工业领域，可能称为"配方"和"要素表"等。

BOM 是 ERP 系统中最重要的基础数据，也是核算成本、组织生产等的重要依据。

在 ERP 系统中，物料一词有着广泛的含义，它是所有产品、半成品、在制品、原材料、配套件、协作件和易耗品等与生产有关的物品的统称。

8.1 任务描述 ▼

根据 BOM 计算生产一定数量的产品所需的材料。

在实际使用中，BOM 一般是多层的，本案例为简便起见，采用单层 BOM（产品→材料）。

8.2 任务实施 ▼

创建"BOM 计算.xlsx"工作簿，包含"材料""产品 1""产品 2""产品 3""生产计划"和"所需材料汇总"6 个工作表。

8.2.1 输入材料清单

材料清单包括从事生产所需要的全部材料的基本信息，如编码、名称、规格、型号、计量单位等。本案例为简便起见，只包括"材料编码"和"材料名称"两个字段。

"材料"工作表如图 8-1 所示。

	A	B
1	材料编码	材料名称
2	CL-001	材料1
3	CL-002	材料2
4	CL-003	材料3
5	CL-004	材料4
6	CL-005	材料5
7	CL-006	材料6
8	CL-007	材料7
9	CL-008	材料8
10	CL-009	材料9
11	CL-010	材料10

图 8-1 "材料"工作表

8.2.2 输入 BOM 表

每种产品对应一个工作表，本案例以 3 种产品为例，包含"产品 1""产品 2"和"产品 3"三个工作表。这些都是产品结构表，包括产品基本信息（产品编码、产品名称）及生产该产品所需的材料。

"产品 1"工作表如图 8-2 所示。

	A	B	C	D	E
1	材料编码	单位用量		产品编码	CP1
2	CL-001	1		产品名称	产品1
3	CL-002	2			
4	CL-004	1			
5	CL-005	3			
6	CL-006	10			

图 8-2 "产品 1"工作表

8.2.3 输入生产计划

"生产计划"工作表如图 8-3 所示。

	A	B
1	产品编号	生产数量
2	CP1	100
3	CP3	300

图 8-3 "生产计划"工作表

8.2.4 计算生产所需材料

1. 编制"材料编码"公式

• 🥦思路 •

"材料编码"来源于"材料"工作表。

A2：=材料!A2

2. 编制"材料名称"公式

• 🥦思路 •

在"材料"工作表中通过材料编码查找得到材料名称。

B2：=VLOOKUP(A2,材料!A:B,2,0)

3. 计算用量

• 🥦思路 •

对于每种产品，材料用量=产品单位用量*产品生产数量，将所有产品的用量累加即为总用量。

（1）建立"生产数量"辅助单元格

在每种产品的 BOM 表（工作表"产品 1""产品 2"……）中建立辅助单元格"生产数量"，

135

生产数量来源于"生产计划"工作表，存放在 E3 单元格中。

可以用多工作表批量处理，具体操作步骤如下。

① 同时选中工作表"产品 1""产品 2"……在标题栏中的文件名后面出现"[工作组]"字样，此时的操作针对所有被选中的工作表，即工作组。

② 在 E3 中输入公式：

=SUMIF(生产计划!A:A,E1,生产计划!B:B)

③ 单击工作组以外的任一工作表标签(或右击工作组中的任一工作表标签，并在打开的快捷菜单中选择"取消组合工作表"命令)，取消"[工作组]"状态。

微课 8
计算用量

（2）编制"用量"公式

所需材料汇总!C2：

=SUMPRODUCT(SUMIF(INDIRECT("产品"&ROW(INDIRECT("1:3"))&"!A:A"),

A2,

INDIRECT("产品"&ROW(INDIRECT("1:3"))&"!B:B"))

*N(INDIRECT("产品"&ROW(INDIRECT("1:3"))&"!E3")))

公式比较复杂，下面一步步导出。

若只有产品 1，则公式为：

=SUMIF(产品 1!$A$2:$A$6,A2,产品 1!$B$2:$B$6)*产品 1!$E$3

表示材料 1 在产品 1 中的总用量。因组成不同产品所需材料的种类数不等，为通用考虑，上述公式可改写为：

=SUMIF(产品 1!A:A,A2,产品 1!B:B)*产品 1!$E$3

以上公式只能表示产品 1，若要表示所有产品，可将公式改为数组公式，即将"产品 1"改为"产品 1"～"产品 n"(本案例中 n 为 3)：

=SUMIF(INDIRECT("产品"&ROW(INDIRECT("1:3"))&"!A:A"),

A2,

INDIRECT("产品"&ROW(INDIRECT("1:3"))&"!B:B"))

*N(INDIRECT("产品"&ROW(INDIRECT("1:3"))&"!E3"))

这是关键的一步，公式中各组成部分的含义说明如下。

INDIRECT("1:3")：返回从 1 到 3 的引用。

ROW(INDIRECT("1:3"))：返回 1 到 3 的序列。

INDIRECT("产品"&ROW(INDIRECT("1:3"))&"!A:A")：三维引用，分别取得工作表"产品 1"～"产品 3"的 A 列，即"材料编码"字段。

INDIRECT("产品"&ROW(INDIRECT("1:3"))&"!B:B")：三维引用，分别取得工作表"产品 1"～"产品 3"的 B 列，即"单位用量"字段。

SUMIF(INDIRECT("产品"&ROW(INDIRECT("1:3"))&"!A:A"),

A2,

INDIRECT("产品"&ROW(INDIRECT("1:3"))&"!B:B"))：三维引用，分别取得材料 1 在产品 1～产品 3 中的单位用量。

N(INDIRECT("产品"&ROW(INDIRECT("1:3"))&"!E3"))：三维引用，分别取得产品 1～产品 3 的生产数量。

SUMIF(INDIRECT("产品"&ROW(INDIRECT("1:3"))&"!A:A"),

      A2,

      INDIRECT("产品"&ROW(INDIRECT("1:3"))&"!B:B"))

*N(INDIRECT("产品"&ROW(INDIRECT("1:3"))&"!E3")))：三维引用，分别取得材料 1 在产品 1～产品 3 中的用量。

最后，使用 SUMPRODUCT 函数对材料 1 在产品 1～产品 3 中的用量进行合计，即得到材料 1 在所有产品中的总用量。

关键知识点

INDIRECT 函数

用途：返回由文本字符串指定的引用。此函数立即对引用进行计算，并显示其内容。当需要更改公式中单元格的引用而不更改公式本身时，即可使用 INDIRECT 函数。

语法：

INDIRECT(ref_text,a1)。

参数：

ref_text 是对单元格的引用，此单元格可以包含 A1 样式的引用、R1C1 样式的引用、定义为引用的名称或对文本字符串单元格的引用。

a1 为一逻辑值，指明包含在单元格 ref_text 中的引用的类型。如果 a1 为 TRUE 或省略，则 ref_text 被解释为 A1-样式的引用。如果 a1 为 FALSE，则 ref_text 被解释为 R1C1-样式的引用。

实例：

如果单元格 A1 存放有文本"B1"，而 B1 单元格中存放了数值 68.75，则公式"=INDIRECT($A$1)"返回 68.75。

4. 复制公式

把公式复制到所有材料记录中（记录数与"材料"工作表中的相同），此时的"所需材料汇总"工作表如图 8-4 所示。

	A	B	C
1	材料编码	材料名称	用量
2	CL-001	材料1	400
3	CL-002	材料2	200
4	CL-003	材料3	600
5	CL-004	材料4	100
6	CL-005	材料5	300
7	CL-006	材料6	1000
8	CL-007	材料7	
9	CL-008	材料8	300
10	CL-009	材料9	1500
11	CL-010	材料10	

图 8-4 "所需材料汇总"工作表

本 章 小 结

本案例内容简单，但计算公式较复杂。一定要清楚了解公式的推导以及数组公式的使用。

习 题 8

习题参考
答案

在"材料"工作表中添加"计量单位"及"单价"字段，并计算每种产品的材料成本。

第 9 章

问 卷 调 查

问卷调查

PPT

问卷调查是指通过制定详细周密的问卷，要求被调查者据此进行回答以收集资料的方法。所谓问卷，是一组与研究目标有关的问题，或者说是一份为进行调查而编制的问题表格，又称调查表。它是人们在社会调查研究活动中用来收集资料的一种常用工具。调研人员借助这一工具对社会活动过程进行准确、具体的测定，并应用社会学统计方法进行定量的描述和分析，获取所需要的调查资料。

9.1　任务描述 ▼

某高校为了更高效地安排计算机课程的教学工作，计划对全体新生的计算机应用水平进行一次问卷调查。具体要求如下。

1.　制作调查问卷

包括"学生基本信息""计算机基础知识"和"还想进一步学习哪些计算机知识"3个部分。

2.　统计调查结果

收集调查数据，并进行汇总统计。

问卷调查
素材

3.　制作图表

根据统计结果，制作自动更新图表。

9.2　任务实施 ▼

创建"问卷调查.xlsm"工作簿，包含"调查问卷""数据收集""统计表"和"图表"4个工作表。

9.2.1　设计调查问卷

1.　输入问卷参数

选中"调查问卷"工作表，输入学生类别的相关数据，结果如图 9-1所示。

	A
1	*学生类别*
2	普通高中
3	职业高中
4	中专学校

图 9-1　学生类别

2.　设计"学生基本信息"部分

① 选中"调查问卷"工作表，在"开发工具"→"控件"组中单击"插入"按钮，在打开的"控件工具箱"中选择"表单控件"组中的"分组框（窗体控件）"，拖动鼠标在工作表中绘制一个分组框。单击分组框控件上方的文字，将其修改为"学生基本信息"。

关键知识点

控件

在 Excel 中可直接向工作表添加控件。控件是工作表中的一些图形对象，用来显示或输入数据、执行操作。

分类：

工作表中的控件有两大类，分别是表单控件和 ActiveX 控件。

选中：

在对控件进行操作之前，必须先使其处于选中状态。通常只需要单击控件即可将其选中，对于如"选项按钮"和"复选框"之类的控件，则需要右击才能选中（因为单击将改变状态，而不是选择）。

操作 ActiveX 控件：

如果要编辑 ActiveX 控件，首先要在"开发工具"→"控件"组中单击"设计模式"按钮，进入设计模式再进行编辑；编辑完成后，再次单击"设计模式"按钮，退出设计模式，就可以使用控件了。

② 在 B4 单元格中输入"学号:"，在工作表中插入一个"文本框（ActiveX 控件）"控件，用来接收输入的学号。在"开发工具"→"控件"中单击"属性"按钮，在弹出的"属性"任务窗格中设置该控件的 LinkedCell 属性为 A30，如图 9-2 所示。输入的学号将保存在 A30 单元格中。

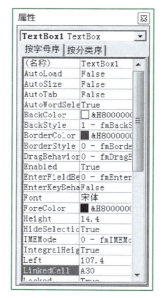

图 9-2　设置"文本框"控件属性

③ 在 B5 单元格中输入"姓名:"，在工作表中插入一个"文本框（ActiveX 控件）"控件，用来接收输入的姓名。并设置该控件的 LinkedCell 属性为 B30。

④ 在 D4 单元格中输入"类别:"，在工作表中插入一个"组合框（窗体控件）"控件，用来选择学生类别。设置该控件的属性，如图 9-3 所示。

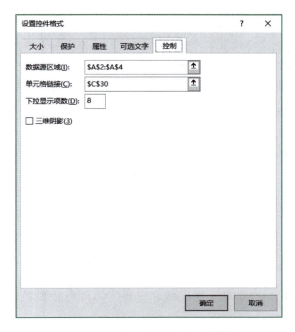

图 9-3　设置"组合框"控件属性

3. 设计"计算机基础知识"部分

① 插入一个文本为"Windows 操作"的分组框，然后选中分组框并向其中插入 3 个选项按钮，分别设置为"会""会一点"和"不会"，并设置该选项按钮组的"单元格链接"为$A$31，如图 9-4 所示，此时，被选中选项按钮的序号将保存在单元格 A31 中。

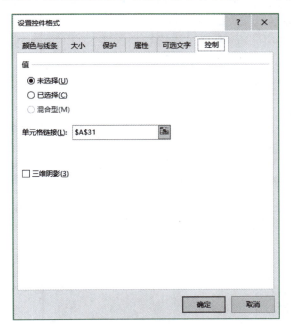

图 9-4　设置"选项按钮"控件属性

> ━━✍说明━━
>
> 　　如果在一个工作表中需要设置多个选项按钮组，就必须用分组框控件来分组。每一个分组框控件中的选项按钮作为具有相同逻辑意义的一组，只允许被选中其中的一个。为同一组中的其中一个选项按钮设置了"单元格链接"属性后，其他的选项按钮将使用相同的设置。

　　② 用同样的方法，添加"上网""Word 操作""Excel 操作"和"PowerPoint 操作"项目，其中，各选项按钮组的"单元格链接"分别设置为$B$31、$C$31、$D$31、$E$31。

4. 设计"还想进一步学习哪些计算机知识"部分

　　① 插入一个文本为"还想进一步学习哪些计算机知识"的分组框，此分组框用来组织其他控件。

　　② 向分组框中插入 6 个复选框，分别设置为"云计算""大数据""物联网""人工智能""程序设计"和"Office 高级应用"，"单元格链接"分别设置为$A$32、$B$32、$C$32、$D$32、$E$32 和$F$32。复选框若为选中状态，则其链接的单元格为 TRUE，否则为 FALSE。

5. 保护工作表

　　① 对于存放参数的 A1:A4 单元格区域，设置字体颜色为白色（与背景色相同）以隐藏显示。

　　② 对于链接单元格区域 A30:F32，在"设置单元格格式"对话框的"保护"选项卡中取消选中"锁定"复选框。

　　③ 将工作表第 30～32 行隐藏。

　　④ 对工作表实施保护，如图 9-5 所示，在"允许此工作表的所有用户进行"组中取消选中所有选项。

　　这样，在填写问卷时就只能回答相关问题而不会修改问卷本身。

　　⑤ 选择"文件"→"选项"命令，打开"Excel 选项"对话框。在"高级"分类的"此工作表的显示选项"组中取消选中"显示行和列标题"和"显示网格线"复选框，如图 9-6 所示。

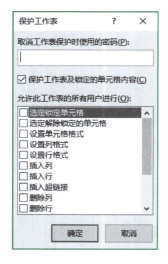

图 9-5　设置保护工作表

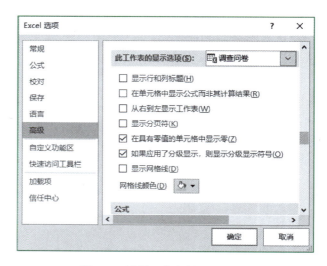

图 9-6　设置工作表的显示选项

至此，调查问卷设计完成，结果如图 9-7 所示。

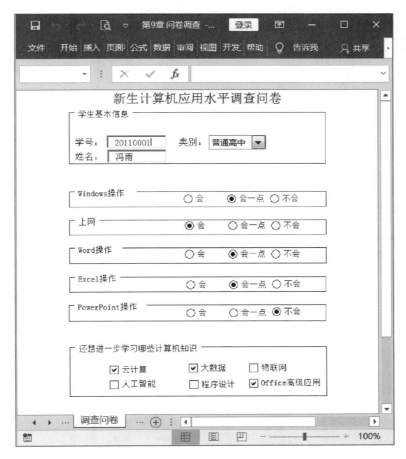

图 9-7　调查问卷结果

9.2.2　获取问卷数据

在设计各控件时，已经将"单元格链接"设置到"调查问卷"工作表的 A30:F32 单元格区域。当某一学生完成问卷调查后，将得到类似图 9-8 所示的数据。

	A	B	C	D	E	F
30	20110001	冯雨	1			
31	2	1	2	2	3	
32	TRUE	TRUE	FALSE	FALSE	FALSE	TRUE

图 9-8　问卷调查数据

下面以调查问卷中的"计算机基础知识"部分为例，介绍数据的统计和图表的制作，这部分数据在每张调查问卷的 A31:E31 单元格区域中。

收集所有问卷的"计算机基础知识"部分数据后，保存在"数据收集"工作表中，如图 9-9 所示。

	A	B	C	D	E
1	Windows操作	上网	Word操作	Excel操作	PowerPoint操作
2	2	1	2	2	3
3	1	1	1	1	1
4	2	1	2	3	3
5	2	1	3	3	3
6	3	1	3	2	3
7	1	1	1	2	2
8	2	1	2	2	2
9	2	1	2	2	2
10	1	1	2	1	1
11	3	1	2	3	3

图 9-9 收集的数据

9.2.3 制作统计表

在"统计表"工作表中对调查得到的原始数据进行统计。

在 B2 单元格中输入以下公式，并复制到 B2:F4 单元格区域即可得到如图 9-10 所示的统计表。

B2：=COUNTIF(数据收集!A\$2:A\$11,ROW()-1)/COUNT(数据收集!A\$2:A\$11)

	A	B	C	D	E	F
1		Windows操作	上网	Word操作	Excel操作	PowerPoint操作
2	会	30%	100%	20%	20%	20%
3	会一点	50%	0%	60%	40%	30%
4	不会	20%	0%	20%	40%	50%

图 9-10 统计表

9.2.4 制作图表

1. 生成图表数据

为了在制作图表时更加直观，在"图表"工作表的 B2 单元格中输入以下公式，并复制到 B2:D6 区域即可得到如图 9-11 所示的数据，相当于把"统计表"工作表中的数据转置到"图表"工作表中。

B2：=INDEX(统计表!\$A\$1:\$F\$4,COLUMN(),ROW())

	A	B	C	D
1		会	会一点	不会
2	Windows操作	30%	50%	20%
3	上网	100%	0%	0%
4	Word操作	20%	60%	20%
5	Excel操作	20%	40%	40%
6	PowerPoint操作	20%	30%	50%

图 9-11 图表数据

2. 创建图表

创建簇状柱形图，设置数据区域为 A1:D2，删除图例，数值轴最大值为 1，结果如图 9-12 所示。

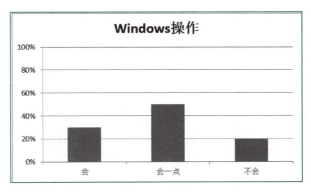

微课 9
制作动态图表

图 9-12　图表

3. 使用公式更新图表

选中图表的数据系列，在编辑栏中会看到系列公式：

=SERIES(图表!$A$2,图表!$B$1:$D$1,图表!$B$2:$D$2,1)

调查问卷的"计算机基础知识"部分共有"Windows 操作""上网""Word 操作""Excel 操作"和"PowerPoint 操作"5 个项目，以上图表只能显示单个项目（Windows 操作）的数据，要想使图表动态显示指定项目，需更改图表公式。具体操作步骤如下。

① 选中 A2 单元格，在"公式"→"定义的名称"中单击"名称管理器"按钮，打开"名称管理器"对话框，定义两个名称为 Title 和 Data，如图 9-13、图 9-14 所示。

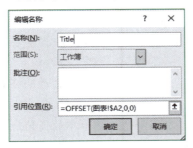

图 9-13　命名 Title

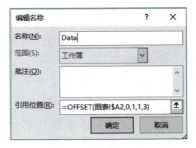

图 9-14　命名 Data

② 选中 A2 单元格，单击图表，在"图表工具"→"设计"→"数据"组中单击"选择数据"按钮，打开"选择数据源"对话框，如图 9-15 所示。

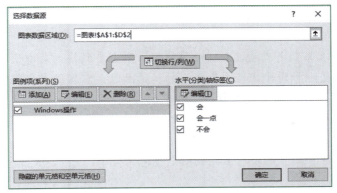

图 9-15　"选择数据源"对话框

③ 单击"图例项（系列）"选项组中的"编辑"按钮，打开"编辑数据系列"对话框，修改"系列名称"和"系列值"，如图 9-16 所示。

图 9-16　"编辑数据系列"对话框

选中图表的数据系列，即可在编辑栏看到系列公式改为：

=SERIES('问卷调查.xlsm'!Title,图表!\$B\$1:\$D\$1,'问卷调查.xlsm'!Data,1)

当选中某个项目所在行的单元格后，按 Ctrl+S 键即可更新图表。

关键知识点

名称

名称是一个标识符，它可以代表单元格、单元格区域、公式或常量值。

名称比单元格地址更容易记忆。例如，公式"=销售-成本"比"=F6-D6"更易于阅读和理解，而且不容易出错。

如果改变了工作表的结构，更新了某处的引用位置，则所有使用这个名称的公式都会自动更新。

名称的使用范围通常是在工作簿级的，即它们可以在同一个工作簿中的任何地方使用。在工作簿的任何一个工作表中，编辑栏内的名称框都可以提供这些名称。当然，也可以定义工作表级的名称，即这些名称只能用在定义它们的工作表中。

像 SERIES 函数，它的参数中不能包含工作表的函数或公式，只能通过名称引用。

SERIES 函数

功能：

如果选择一个图表系列并查看 Excel 的编辑栏，则会看到系列是由使用 SERIES 函数的公式生成的。SERIES 是一种用于定义图表系列的特殊函数，它只能在此类环境中使用，不能将它用于工作表，也不能在它的参数中包含工作表的函数或公式。

参数：

在除气泡图以外的所有图表类型中，SERIES 函数都具有表 9-1 中列出的参数。在气泡图中，SERIES 函数还要用一个额外的参数来指定气泡的大小。

表 9-1   SERIES 函数的参数

参数	必选/可选	指定
名称	可选	显示在图例中的名称
分类标志	可选	显示在分类轴上的标志（如果忽略，Excel 将使用连续的整数作为标志）
值	必选	Excel 所绘制的值
顺序	必选	系列的绘制顺序

SERIES 函数的参数分别对应在"选择数据源"对话框输入的特定数据。

4. 使用 VBA（Visual Basic for Application）实现图表自动更新

为了在所选项目改变时，不按 Ctrl+S 键也能自动更新图表，需要加入一段 VBA 代码，具体操作步骤如下。

① 在"开发工具"→"代码"组中单击 Visual Basic 按钮，打开 Visual Basic 编辑器。

② 在左侧的"工程-VBAProject"窗口中双击"Sheet4（图表）"对象，屏幕右侧出现相应的代码窗口。

③ 在代码窗口左侧的下拉列表中选择 Worksheet 选项，在右侧的下拉列表中选择 SelectionChange 选项，然后输入如下代码，如图 9-17 所示。

```
Private Sub Worksheet_SelectionChange(ByVal Target As Range)
    If ActiveCell.Row >= 2 And ActiveCell.Row <= 6 Then
        ActiveWorkbook.Save
    End If
End Sub
```

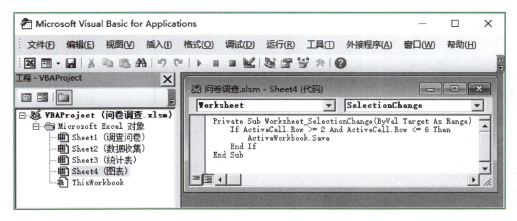

图 9-17   Visual Basic 编辑器

当工作表中的选择区域发生改变时，将执行这段 VBA 宏程序。其中的代码判断活动单元格的位置，如果在第 2～6 行，则执行语句保存工作簿。

④ 关闭 Visual Basic 编辑器，返回到 Excel 工作表中，图表即可实现自动更新。

本 章 小 结

本章的重点在于图表的自动更新，特别是要加深对系列公式的理解。

习 题 9

习题参考
答案

1. 自己设计调查问卷，并获取调查问卷的数据。
2. 创建一个有两个以上系列的图表，试通过修改系列公式改变图表中系列的排列顺序。

第 10 章

贷 款 计 算

贷款计算

PPT

贷款是银行或其他金融机构按一定利率和必须归还等条件出借货币资金的一种信用活动形式。广义的贷款是指贷款、贴现和透支等出贷资金的总称。

在日常生活中，经常会遇到贷款问题，用 Excel 可以很方便地进行计算。另外，本方法也适用于投资收益的计算。

10.1　任务描述▼

利用 Excel 的财务函数和数据分析功能，在固定利率和等额分期付款的情况下，根据已知条件进行计算。

1.　**贷款计算**

贷款计算
素材

- 计算每月还款额。
- 计算可贷款总额。
- 计算还款的未来值。
- 计算贷款期限。
- 计算贷款利率。

2.　**贷款测算**

- 用单变量求解计算贷款利率。
- 用单变量模拟运算表分析利率变化时每月还款额的变化。
- 用双变量模拟运算表分析利率、期数同时变化时每月还款额的变化。

10.2　任务实施▼

创建"贷款计算.xlsx"工作簿，包括"计算每月还款额""计算可贷款总额""计算还款的未来值""计算贷款期限""计算贷款利率""单变量求解""单变量模拟运算表"和"双变量模拟运算表"8 个工作表。

10.2.1　贷款计算

1.　**计算每月还款额**

已知贷款总额、期限和年利率，在"计算每月还款额"工作表中计算，如图 10-1 所示。

（1）计算每月还款额

B5：=PMT(B3/12,B2*12,B1)

使用函数时要保持单位的一致性，由于已知条件以年为单位，而现在计算的是月还款额，因此利率要除以 12，期限要乘以 12。

结果如图 10-2 所示。

	A	B	C	D	E	F	G
1	贷款总额	200000		还款期	本金	利息	每期合计
2	期限	10		1			
3	年利率	4.65%		2			
4				3			
5	每月还款额			4			
6	还款总额			5			
7	利息总额			6			
8				7			
9				8			
10				9			
11				10			
120				119			
121				120			
122				合计			

图 10-1　计算每月还款额

	A	B
1	贷款总额	200000
2	期限	10
3	年利率	4.65%
4		
5	每月还款额	¥-2,087.26

图 10-2　每月还款额

这里的计算结果为负数。在使用财务函数时，收入用正数表示，支出用负数表示。

关键知识点

PMT 函数

用途：

基于固定利率及等额分期付款方式，返回贷款的每期付款额。

语法：

PMT(rate,nper,pv,[fv],[type])

参数：

rate 为贷款利率。

nper 为该项贷款的付款总期数。

pv 为现值，或一系列未来付款的当前值的累积和，也称为本金。

fv 为未来值，或在最后一次付款后希望得到的现金余额。

type 指定各期的付款时间是期初还是期末（1 为期初，0 为期末）。

（2）计算还款总额和利息总额

① 计算还款总额。

B6：=B5*B2*12

② 计算利息总额。

B7：=B1+B6

公式中，因 B6 单元格的还款总额为负数，故计算利息总额时用加法。

结果如图 10-3 所示。

（3）计算每月本金和利息

① 编制"本金"公式。

E2：=PPMT($B$3/12,D2,$B$2*12,$B$1)

② 编制"利息"公式。

F2：=IPMT($B$3/12,D2,$B$2*12,$B$1)

将以上公式复制到所有还款期，即得到每期的本金与利息，如图 10-4 所示。同时，可以看到每期的本金与利息之和就等于每期还款额，本金合计等于贷款总额，利息合计等于利息总额。

	A	B
1	贷款总额	200000
2	期限	10
3	年利率	4.65%
4		
5	每月还款额	¥-2,087.26
6	还款总额	¥-250,471.19
7	利息总额	¥-50,471.19

图 10-3　还款总额和利息总额

	A	B	C	D	E	F	G
1	贷款总额	200000		还款期	本金	利息	每期合计
2	期限	10		1	¥-1,312.26	¥-775.00	¥-2,087.26
3	年利率	4.65%		2	¥-1,317.34	¥-769.91	¥-2,087.26
4				3	¥-1,322.45	¥-764.81	¥-2,087.26
5	每月还款额	¥-2,087.26		4	¥-1,327.57	¥-759.69	¥-2,087.26
6	还款总额	¥-250,471.19		5	¥-1,332.72	¥-754.54	¥-2,087.26
7	利息总额	¥-50,471.19		6	¥-1,337.88	¥-749.38	¥-2,087.26
8				7	¥-1,343.07	¥-744.19	¥-2,087.26
9				8	¥-1,348.27	¥-738.99	¥-2,087.26
10				9	¥-1,353.50	¥-733.76	¥-2,087.26
11				10	¥-1,358.74	¥-728.52	¥-2,087.26
120				119	¥-2,071.18	¥-16.08	¥-2,087.26
121				120	¥-2,079.20	¥-8.06	¥-2,087.26
122				合计	¥-200,000.00	¥-50,471.19	

图 10-4　每期本金和利息

关键知识点

PPMT 函数

用途：

基于固定利率及等额分期付款方式，返回投资在某一给定期间内的本金偿还额。

语法：

PPMT(rate,per,nper,pv,[fv],[type])

参数：

rate 为各期利率。

per 用于计算其本金数额的期数（介于 1 到 nper 之间）。

nper 为总投资期（该项投资的付款期总数）。

pv 为现值。

fv 为未来值。

type 指定各期的付款时间是期初还是期末（1 为期初，0 为期末）。

IPMT 函数

用途：

基于固定利率及等额分期付款方式，返回投资或贷款在某一给定期限内的利息偿还额。

语法：

IPMT(rate,per,nper,pv,[fv],[type])

参数：

rate 为各期利率。

per 用于计算其本金数额的期数（介于 1 到 nper 之间）。

nper 为总投资期（该项投资的付款期总数）。

pv 为现值。

fv 为未来值。

type 指定各期的付款时间是期初还是期末（1 为期初，0 为期末）。

2. 计算可贷款总额

已知贷款期限、年利率和每月还款额，在"计算可贷款总额"工作表中计算可贷款总额，如图 10-5 所示。

B5：=PV(B2/12,B1*12,B3)

结果如图 10-6 所示。

	A	B
1	期限	10
2	年利率	4.65%
3	每月还款额	¥-2,087.26
4		
5	可贷款总额	

	A	B
1	期限	10
2	年利率	4.65%
3	每月还款额	¥-2,087.26
4		
5	可贷款总额	¥200,000.01

图 10-5　计算可贷款总额　　　　　　　图 10-6　可贷款总额

关键知识点

PV 函数

用途：

返回投资的现值（即一系列未来付款的当前值的累积和）。

语法：

PV(rate,nper,pmt,[fv],[type])

参数：

rate 为各期利率。

nper 为总投资（或贷款）期数。

fv 为未来值。

type 指定各期的付款时间是期初还是期末（1 为期初，0 为期末）。

3. 计算还款的未来值

如果把每月的还款分期存入银行，在"计算还款的未来值"工作表中计算到期后的总金额，如图 10-7 所示。

B5：=FV(B2/12,B1*12,B3)

结果如图 10-8 所示。

▲	A	B
1	期限	10
2	年利率	4.65%
3	每月还款额	￥-2,087.26
4		
5	还款的未来值	

图 10-7　计算还款的未来值

▲	A	B
1	期限	10
2	年利率	4.65%
3	每月还款额	￥-2,087.26
4		
5	还款的未来值	￥318,116.86

图 10-8　还款的未来值

关键知识点

FV 函数

用途：

基于固定利率及等额分期付款方式，返回某项投资的未来值。

语法：

FV(rate,nper,pmt,[pv],[type])

参数：

rate 为各期利率。

nper 为总投资（或贷款）期数。

pv 为现在值。

type 指定各期的付款时间是期初还是期末（1 为期初，0 为期末）。

4.　计算贷款期限

已知贷款总额、年利率和每月还款额，在"计算贷款期限"工作表中计算贷款期限，如图 10-9 所示。

B5：=NPER(B2/12,B3,B1)

结果如图 10-10 所示。

▲	A	B
1	贷款总额	200000
2	年利率	4.65%
3	每月还款额	￥-2,087.26
4		
5	期限	

图 10-9　计算贷款期限

▲	A	B
1	贷款总额	200000
2	年利率	4.65%
3	每月还款额	￥-2,087.26
4		
5	期限	9.999999489

图 10-10　贷款期限

关键知识点

NPER 函数

用途：

基于固定利率及等额分期付款方式，返回某项投资的总期数。

语法：

NPER(rate,pmt,pv,[fv],[type])

参数:

rate 为各期利率。

pmt 为各期所应支付的金额。

pv 为现在值。

fv 为未来值。

type 指定各期的付款时间是期初还是期末（1 为期初，0 为期末）。

5. 计算贷款利率

已知贷款总额、贷款期限和每月还款额，在"计算贷款利率"工作表中计算贷款利率，如图 10-11 所示。

B5：=RATE(B2*12,B3,B1)*12

结果如图 10-12 所示。

	A	B
1	贷款总额	200000
2	期限	10
3	每月还款额	¥-2,087.26
4		
5	年利率	

	A	B
1	贷款总额	200000
2	期限	10
3	每月还款额	¥-2,087.26
4		
5	年利率	4.65%

图 10-11 计算贷款利率   图 10-12 贷款利率

关键知识点

RATE 函数

用途:

基于固定利率及等额分期付款方式，返回某项投资或贷款的实际利率。RATE 函数通过迭代法计算得出结果，可能无解或有多个解。

语法:

RATE(nper,pmt,pv,[fv],[type],[guess])

参数:

nper 为总投资期。

pmt 为各期付款额。

pv 为现值。

fv 为未来值。

type 指定各期的付款时间是期初还是期末（1 为期初，0 为期末）。

guess 为利率猜测值。如省略，则假设该值为 10%。

10.2.2 贷款测算

贷款测算可以通过部分已知条件对未知条件进行分析。

下面以用 PMT 函数计算每月还款额为例进行介绍。

1. 单变量求解

在"单变量求解"工作表中计算：在其他条件不变的情况下，若每月还款额为 2000，利率应设置为多少。

通过 PMT 函数可以在已知贷款总额、期限和利率的情况下计算每期还款额，如图 10-13 所示。

如果已知公式的结果，但不知道得到该结果所需要的某个参数，如 PMT 函数中的 rate 参数值的情况，可以使用 Excel 的"单变量求解"功能。

① 在"数据"→"预测"组中选择"模拟分析"→"单变量求解"命令，打开"单变量求解"对话框。

② 在对话框中设置各选项，如图 10-14 所示。

图 10-13　用 PMT 函数计算每期还款额

图 10-14　在"单变量求解"对话框中设置参数

③ 单击"确定"按钮，打开"单变量求解状态"对话框，如图 10-15 所示。其结果已显示在数据表中，如图 10-16 所示。

图 10-15　"单变量求解状态"对话框

图 10-16　单变量求解结果

从计算结果可以看出，如果想要每月只还款 2000 元，利率为 3.74% 才行。

2. 单变量模拟运算表

模拟运算表是一个单元格区域，用于显示公式中某些值的更改对结果的影响。

在单变量模拟运算表中，可对数据表中的一个变量进行变化处理，并计算出变量值变化后公式对应的结果。在单变量模拟运算表中输入的数值必须在一行或一列中。

图 10-17 所示为基础数据，分析在利率变化时每月还款额的变化情况。

① 在 A6:A10 单元格区域中输入不同的利率，如图 10-18 所示。

	A	B
1	贷款总额	200000
2	期限	10
3	年利率	4.65%
4		
5	每月还款额	¥-2,087.26
6		2.65%
7		3.65%
8		4.65%
9		5.65%
10		6.65%

图 10-17 "单变量模拟运算表"基础数据　　图 10-18 输入不同利率

② 选中 A5:B10 单元格区域（包括公式、变化的利率及存放结果的空白单元格），在"数据"→"预测"组中选择"模拟分析"→"模拟运算表"命令，打开"模拟运算表"对话框。

③ 在"输入引用列的单元格"组合框中输入$B$3（公式中要变化的单元格），如图 10-19 所示。

④ 单击"确定"按钮，便会自动将不同的利率代入公式，计算结果如图 10-20 所示。

	A	B
1	贷款总额	200000
2	期限	10
3	年利率	4.65%
4		
5	每月还款额	¥-2,087.26
6	2.65%	¥-1,899.07
7	3.65%	¥-1,991.80
8	4.65%	¥-2,087.26
9	5.65%	¥-2,185.42
10	6.65%	¥-2,286.25

图 10-19 在"模拟运算表"对话框中输入参数（单变量）　图 10-20 单变量模拟运算表中的计算结果

模拟运算表的计算结果是作为一个数组公式处理的，选中单元格区域 B6:B10，在编辑栏中可看到公式"=TABLE(,B3)"。

3. 双变量模拟运算表

双变量模拟运算表可以模拟公式中两个量的变化情况。在双变量模拟运算表中，要求在公式下边同一列中输入一组变化值，在公式右边同一行中输入另一组变化值。

图 10-21 所示为基础数据，分析在利率、期数同时变化时每月还款额的变化情况。

① 在 B6:B10 单元格区域中输入不同的利率，在 C5:E5 单元格区域中输入不同的期限，如图 10-22 所示。

微课 10-3
双变量模拟
运算表

	A	B
1	贷款总额	200000
2	期限	10
3	年利率	4.65%
4		
5	每月还款额	¥-2,087.26

图 10-21 "双变量模拟运算表"基础数据

	A	B	C	D	E
1	贷款总额	200000			
2	期限	10			
3	年利率	4.65%			
4					
5	每月还款额	¥-2,087.26	10	20	30
6		2.65%			
7		3.65%			
8		4.65%			
9		5.65%			
10		6.65%			

图 10-22 输入不同利率和期限

② 选中 B5:E10 单元格区域（包括公式、变化的利率和期限及存放结果的空白单元格），在"数据"→"预测"组中选择"模拟分析"→"模拟运算表"命令，打开"模拟运算表"对话框。

③ 在对话框中输入引用行和列的单元格，如图 10-23 所示。

图 10-23　在"模拟运算表"对话框中设置参数（双变量）

④ 单击"确定"按钮，便会自动将不同的利率和期限代入公式，计算结果如图 10-24 所示。

	A	B	C	D	E
1	贷款总额	200000			
2	期限	10			
3	年利率	4.65%			
4					
5	每月还款额	¥-2,087.26	10	20	30
6		2.65%	¥-1,899.07	¥-1,074.48	¥-805.93
7		3.65%	¥-1,991.80	¥-1,175.39	¥-914.92
8		4.65%	¥-2,087.26	¥-1,281.55	¥-1,031.27
9		5.65%	¥-2,185.42	¥-1,392.77	¥-1,154.47
10		6.65%	¥-2,286.25	¥-1,508.86	¥-1,283.93

图 10-24　双变量模拟运算表中的计算结果

模拟运算表的计算结果是作为一个数组公式被处理的，选中单元格区域 C6:E10，在编辑栏中可看到公式"=TABLE(B2,B3)"。

本 章 小 结

本章介绍了几种常用的财务函数，并在其基础上使用了 Excel 的模拟分析功能，在解决实际问题的时候可以灵活应用。

习 题 10

习题参考答案

1. 找出函数 PV、FV、PMT、NPR 和 RATE 之间的关系。
2. 试用公式实现案例中双变量模拟运算表的功能。

第 3 篇　PowerPoint 2016 高级应用

　　PowerPoint 2016 是一款功能强大、操作方便的演示文稿制作软件，也是 Microsoft Office 2016 办公套装软件的一个重要组成部分。演示文稿通过幻灯片来传达信息，使用 PowerPoint 可以很容易地创建幻灯片，并在幻灯片中输入文字、添加表格、绘制 SmartArt 图、插入图片以及播放声音及视频动画等多媒体内容，还可以通过计算机屏幕或者投影机以动态形式播放。因此，PowerPoint 作为专门用于设计和制作信息展示领域中各种类型的电子演示文稿的软件，被广泛地应用于商业展示、会议、报告、演讲以及授课等不同场合。

第 11 章

电 子 相 册

电子相册

PPT

随着数码相机、智能手机和扫描仪等电子设备的不断普及，照片的数码化是当今的主流。同时，利用计算机把照片制作成电子相册，并与大家分享的朋友也越来越多。PowerPoint 提供了一个非常强大的"相册"功能，可以让用户快速创建出包含数百张照片的演示文稿。在 PowerPoint 中使用"相册"功能不仅可以制作电子相册，还可以进行产品展示，并且可以应用丰富多彩的主题、图片样式等使之更具美观性与实用性。

本章以 PowerPoint 为例，介绍制作电子相册的方法。同时，介绍利用主题、艺术字样式和图片样式等强大功能美化演示内容的技巧。

11.1 任务描述 ▽

小张是旅行社的接待员，在工作中，很多时候都需要向顾客展示旅游景点的相关内容，她想利用 PowerPoint 制作一些图文并茂、美观漂亮的演示内容，以便给顾客介绍景点，同时也让顾客留下深刻印象。本任务利用 PowerPoint 的"相册"功能制作演示文稿，来介绍各个旅游景点，重点介绍演示文稿制作中各功能的综合运用以及幻灯片的修饰美化。该任务可分解为 4 个子任务。

1. 创建相册

利用 PowerPoint 提供的"相册"功能，快速将多张照片制作成相册。

2. 美化相册

应用主题和设置背景，让演示内容美观漂亮。在母版中添加公司标志，统一幻灯片的外观。

3. 制作相册封面

利用艺术字、图形、图片等丰富的素材制作封面，并为艺术字、图片等设置样式，以更专业的效果吸引客户。

4. 增强相册的放映效果

在幻灯片中添加超链接，设置幻灯片的切换效果以及对象的动画效果，让相册的放映具有交互性，产生动态感。

图 11-1 给出了本任务完成后的参考结果。

图 11-1 电子相册

电子相册
素材

11.2 任务实施▼

1. 创建电子相册

PowerPoint 是制作幻灯片的专业软件，提供了一个能快速将多张图片制作成相册的功能，可以轻松制作出具有专业水准的电子相册作品。创建电子相册的具体操作步骤如下。

微课 11-1
创建电子相册

① 启动 PowerPoint，系统默认建立一个演示文稿，名称为"演示文稿 1"，并包含一张版式为"标题幻灯片"的幻灯片。

② 单击"插入→图像"中的"相册"按钮的上半部分（或单击"相册"按钮的下半部分，选择"新建相册"命令），打开"相册"对话框，如图 11-2 所示。

③ 在"相册"对话框中单击"文件/磁盘"按钮，打开"插入新图片"对话框，选择图片存放的位置，并从中选择所需要的图片，可以配合 Shift 或 Ctrl 键一次选择多张图片，然后单击"插入"按钮。

④ 本任务先利用"相册"功能插入 6 张图片，插入完图片的"相册"对话框如图 11-2 所示。可以在"相册中的图片"列表中，勾选某张图片，然后单击列表下的"上移"按钮①或"下移"按钮①以调整图片的顺序，该顺序将决定图片在相册中的播放顺序。

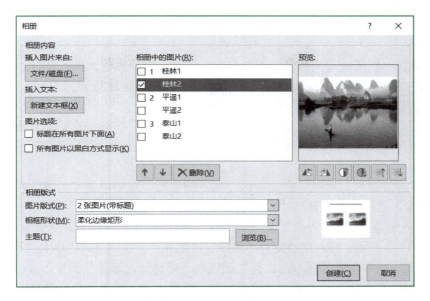

图 11-2　"相册"对话框

⑤ 在"相册"对话框的"相册版式"选项组中，设置"图片版式"为"2 张图片（带标题）"；"相框形状"为"柔化边缘矩形"。单击"浏览"按钮，可打开"选择主题"对话框，从中选择应用的主题。当然也可以在创建完相册后再设置应用主题。本任务采用后一种方式应用主题。

✎注意

　相框形状在完成相册创建后同样可以进行更改。

⑥ 单击"创建"按钮，将自动新建"演示文稿 2"，并添加相关的若干张幻灯片，且图片被一一插入到各张幻灯片中。需要注意的是，在第一张幻灯片中应留出相册的标题。

⑦ 以"电子相册"为文件名保存演示文稿。

2. 应用主题

应用主题的操作步骤如下。

在功能区"设计→主题"中单击"其他"按钮，如图 11-3 所示，在弹出的主题库中选择内置的"丝状"选项，演示文稿会立即应用该主题设置每一张幻灯片的外观。

"其他"按钮

图 11-3　"设计"选项卡中的"主题"和"背景"功能组

3. 在幻灯片母版中创建版式、添加公司标志

操作步骤如下。

① 在功能区"视图→母版视图"中单击"幻灯片母版"按钮,进入幻灯片母版视图。选中左侧"丝状 幻灯片母版",删除幻灯片左侧竖条状图形。选中"仅标题"版式,删除暗红色箭头状图形。

② 在"幻灯片母版→编辑母版"组中单击"插入版式"按钮,在幻灯片母版中插入自定义版式。在"幻灯片母版→编辑母版"组中单击"重命名"按钮,将自定义版式重命名为"浮光掠影"。

③ 编辑"浮光掠影"版式。在功能区"插入→插图"组中单击"形状"按钮,在弹出列表中选择"矩形"选项,并在版式中拖动鼠标插入矩形。设置矩形的"形状填充"为"无填充颜色",并旋转一定角度。复制矩形 2 次,调整复制的矩形让其重叠在一起并分别旋转一定角度,效果请参考图 11-4 所示。插入素材图片"黑白胶片框.jpg",并调整好大小和位置。在"幻灯片母版→母版版式"组中单击"插入占位符"按钮的下半部分,选择"图片"占位符,分别在重叠的矩形和素材图片上插入 4 个图片占位符,并调整好大小、位置和旋转角度,效果如图 11-4 所示。

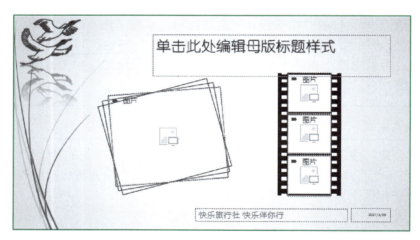

图 11-4　幻灯片母版:"浮光掠影"版式

④ 添加公司标志图片。在幻灯片母版视图左侧窗格中选择"丝状 幻灯片母版"缩略图,在"插入→图像"中单击组"图片"按钮,插入素材图片"LOGO.JPG"。将图片移动到幻灯片母版的左上角,并调整大小。

⑤ 编辑公司标志图片。在"图片工具"→"格式"→"调整"中单击"颜色"按钮,在弹出的列表中选择"设置透明色"选项,如图 11-5 所示。将鼠标指针移到公司标志图片的白色上单击,将图片中的白色设置为透明。再次单击"颜色"按钮,选择"其他变体→标准色"下的"红色"选项。在"图片工具"→"格式"→"图片样式"组中单击"图片效果"按钮,在弹出的列表中选择"映像→映像变体→全映像,4 pt 偏移量"选项,效果如图 11-4 所示。

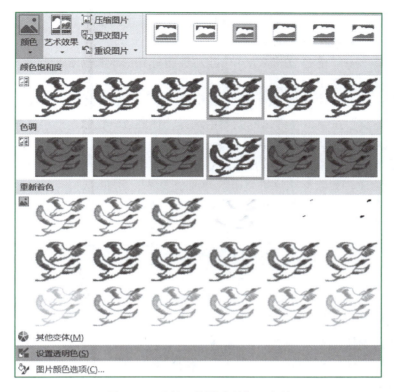

图 11-5 选择"设置透明色"选项

⑥ 选择"页脚"占位符,设置字号为 20。

⑦ 在"幻灯片母版→关闭"组中单击"关闭母版视图"按钮,退出幻灯片母版视图,返回普通视图。

⑧ 在"插入→文本"组中单击"页眉和页脚"按钮,打开"页眉和页脚"对话框,勾选"页脚"选项,并在文本框中输入文本"快乐旅行社 快乐伴你行",单击"全部应用"按钮。

4. 应用创建版式添加幻灯片

在左侧的幻灯片窗格中选择第 2 张幻灯片,在"开始→幻灯片"组中单击"新建幻灯片"按钮的下半部分,在弹出的列表中选择"浮光掠影"版式,在第 2 张幻灯片后面添加一张幻灯片,并在添加的幻灯片中根据占位符加入图片素材,效果如图 11-1 所示。

微课 11-3
应用创建版式
添加幻灯片

用相同方法在第 4 张幻灯片后面添加一张"浮光掠影"版式的幻灯片,并在占位符中添加图片素材。

5. 制作相册封面、标题

完成一个好的作品,封面是必不可少的。下面介绍封面的制作,操作步骤如下。

① 选择演示文稿的第 1 张幻灯片,将标题改为"无限风光 快乐送你",对齐方式为"居中",将副标题改为"快乐带你游山玩水"。

② 选择标题文本,在"绘图工具"→"格式"→"艺术字样式"组中单击"其他"按钮,在弹出的列表中选择"填充 – 橄榄色,着色 4,软棱台"选项。

微课 11-4
添加封面和
标题

在"绘图工具"→"格式"→"艺术字样式"组中单击"文本效果"按钮，在弹出的列表中选择"转换→弯曲→槽形"选项。

在"绘图工具"→"格式"→"大小"组中设置标题形状高为 3 厘米，宽为 18 厘米，并调整好位置，不要覆盖左上角的公司标志图片。

③ 选择副标题文本，设置字体颜色为"红色"。在"绘图工具"→"格式"→"形状样式"组中单击"形状轮廓"按钮，在弹出的列表中选择"标准色→红色"选项，拖动形状边框上的控制点，让边框刚好包围副标题文字。

在"绘图工具"→"格式"→"插入形状"组中单击"编辑形状"按钮，如图 11-6 所示，在弹出的列表中选择"更改形状→星与旗帜→前凸带形"选项。

拖动形状的黄色菱形控制点，调整形状的外观。拖动形状的圆形旋转控制点，让形状旋转一定的角度，调整好形状的位置，封面幻灯片效果如图 11-7 所示。

图 11-6　"编辑形状"下拉列表　　　　　　图 11-7　封面幻灯片效果

④ 在"插入→图像"组中单击"图片"按钮，打开"插入图片"对话框，分别插入素材图片文件"桂林 1.jpg""黄山 1.jpg""平遥 1.jpg""上川 2.jpg"和"泰山 2.jpg"。在"图片工具"→"格式"→"大小"组中将这 5 幅图片的宽度均设置为"4.5 厘米"，高度按锁定纵横比自动调整。拖动调整各幅图片的位置，效果如图 11-7 所示。

选择第 1 张图片（按从左向右方向计算），在"图片工具"→"格式"→"图片样式"组中单击"其他"按钮，如图 11-8 所示，在弹出的图片样式库中选择"棱台透视"选项。用相同的方法设置第 2 张图片的图片样式为"映像圆角矩形"；设置第 3 张图片的图片样式为"柔化边缘矩形"；设置第 4 张的图片样式为"矩形投影"；设置第 5 张的图片样式为"映像右透视"。

"其他"按钮

图 11-8　"图片样式"功能组

📄 提示

用户还可以根据需要为图片应用"图片边框""图片效果"和"图片版式"中提供的各项设置内容，如图 11-8 所示。

⑤ 选择第 2 张幻灯片，输入标题文本"桂林山水甲天下"；第 3 张幻灯片的标题为"天下第一奇山——黄山"；第 4 张的标题为"平遥古城"；第 5 张的标题为"上川金沙滩"；第 6 张的标题为"五岳之首——泰山"。

6. 添加超链接和动作实现跳转

本任务要求放映时能够利用封面中的各个图片跳转到其对应的幻灯片，因此必须为封面中的相关内容添加超链接。具体操作步骤如下。

① 选择封面幻灯片中的第 1 张图片，在"插入"→"链接"组中单击"超链接"按钮，打开"插入超链接"对话框。在对话框左侧"链接到"列表中选择"本文档中的位置"选项，在中间的"请选择文档中的位置"列表中选择"幻灯片标题"下的"2. 桂林山水甲天下"选项，如图 11-9 所示。

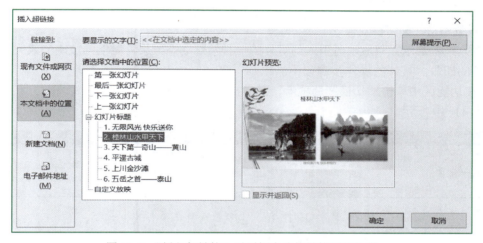

图 11-9 "插入超链接"对话框中选择链接到的位置

单击对话框右上角的"屏幕提示"按钮，打开"设置超链接屏幕提示"对话框，在该对话框的文本框中输入文本"桂林山水甲天下"，单击"确定"按钮，返回"插入超链接"对话框。

在"插入超链接"对话框中单击"确定"按钮，完成第 1 张图片的跳转设置。

② 用同样的方法为封面中的其他图片设置超链接，分别链接到本演示文稿中的第 3～6 张幻灯片。

③ 选择第 2 张幻灯片，在"插入"→"插图"组中单击"形状"按钮，在弹出的下拉列表中选择"箭头总汇"→"燕尾形箭头"选项，在幻灯片右下角拖动绘制出箭头，并输入文本"返回"。

选择"返回"文本，将其字体格式设置为"华文楷体"、字号设置为 12、"倾斜"、添加"文字阴影"，设置字体颜色为"深红"。

调整箭头形状和大小，使文字能很好地显示在箭头中。

选择箭头形状，利用"绘图工具"→"格式"→"形状样式"组设置其"形状填充"为"浅绿"，"形状轮廓"为"浅蓝"。

④ 选中箭头形状，在"插入"→"链接"组中单击"动作"按钮，打开"动作设置"对话框，在"单击鼠标"选项卡的"单击鼠标时的动作"选项区域中，选中"超链接到"单选按钮，并在其下拉列表框中选择"第一张幻灯片"选项。切换到"鼠标悬停"选项卡，勾选下面

的"鼠标移过时突出显示"选项。单击"确定"按钮完成动作设置。

> **注意**
>
> 在"鼠标悬停"选项卡中，在"鼠标移过时的动作"选项区域中，默认设置为"无动作"选项。

⑤ 将设置好动作的箭头形状复制到 3～6 张幻灯片的同一位置。

> **说明**
>
> 在"插入"→"链接"组中，"超链接"和"动作"的设置均能实现跳转，它们的区别在于"超链接"能设置屏幕提示文字，即鼠标移到对象上显示出来的文字，触发跳转只能是单击鼠标的操作；而"动作"没有屏幕提示文字，触发跳转既可以是单击鼠标的操作，也可以是鼠标指针移过的操作。

7. 设置幻灯片的切换效果

切换效果是演示文稿放映时引入幻灯片的一种特殊动态效果，能增强放映的效果，给观众留下良好的印象。具体的操作步骤如下。

① 在功能区中单击"切换"选项卡，其中提供了"预览""切换到此幻灯片"和"计时"组，如图 11-10 所示。

图 11-10　"切换"选项卡

② 选择第 1 张幻灯片，在"切换"→"切换到此幻灯片"组中单击"其他"按钮，在弹出的下拉列表中选择"华丽型"→"立方体"选项；单击"效果选项"按钮，在弹出的下拉列表中选择"自顶部"选项。在"切换"→"计时"组中单击"声音"后的下三角按钮，在弹出的下拉列表中选择"风铃"选项；设置"持续时间"为"02.50"；取消勾选"换片方式"下的"单击鼠标时"复选框，使放映时单击鼠标将不进行默认的换片操作。

③ 用与②相同的方法为第 2～6 张幻灯片设置不同的切换效果。

> **注意**
>
> 除了可以为幻灯片设置不同的切换效果外，还可以利用"切换"→"计时"中的"全部应用"按钮将设置好的某一切换效果应用到演示文稿中的所有幻灯片，以统一切换效果。

本 章 小 结

本章主要使用了 PowerPoint 的"相册"功能完成任务，并在演示文稿的制作过程中充分利用了幻灯片母版、主题、图片样式、形状样式及艺术字样式等功能，同时还使用了幻灯片切换效果功能。本章的目的是综合应用 PowerPoint 2016 的强大功能，使制作的演示内容既美观又生动，给观众留下深刻的印象。

习 题 11

1. 打开练习素材文件 11-1.pptx 并完成以下操作。

① 将第 1 张幻灯片的标题字体设置为"隶书"，字号设置为 60，字形为"加粗"，添加下划线和文字阴影。

② 将第 2 张幻灯片的标题文本的字符间距设置为"紧缩"，度量值设置为"1.5 磅"。

③ 将第 3 张幻灯片的文本内容转换为 SmartArt 图形，设置类型为"基本矩阵"。

④ 将第 4 张幻灯片的文本内容进行分栏，设置为三栏。

⑤ 将第 5 张幻灯片的文本内容文字方向设置为"堆积"。

⑥ 将第 6 张幻灯片各段文本内容的项目符号改为"📖"，颜色为"红色"。

⑦ 将第 7 张幻灯片的文本内容的段落间距设置为 20 磅。

⑧ 为各张幻灯片应用不同的切换效果。

⑨ 为各张幻灯片中的对象设置各种动画效果（进入、退出、强调、动作路径）。

2. 打开练习素材文件 11-2.pptx 并完成以下操作。

① 将演示文稿的幻灯片方向设置为"纵向"。

② 将幻灯片的背景格式设置为"渐变填充"→"预设填充"→"顶部聚光灯-个性 3"，主题设置为"深度"。

③ 将当前的文件保存，名称为"汽车电子杂志"。

3. 打开练习素材文件 11-3.pptx 并完成以下操作。

① 将幻灯片母版的背景设置为外部图片文件"11-3 背景.jpg"，设置范围为"全部应用"。

② 设置幻灯片母版的主题颜色为"黄绿色"，主题字体为"Franklin Gothic 隶书 华文楷体"。

③ 在幻灯片母版的右下角插入外部图片文件"11-3 插图.jpg"，并将插入图片的白色背景设置为透明色，且设置为"置于底层"。

④ 在幻灯片母版的标题样式和文本样式占位符之间插入一个细长的矩形（长度为整张幻灯片的宽度，高度为"0.3 厘米"），并设置其形状样式为"细微效果-绿色，强调颜色 4"。

⑤ 为所有的幻灯片添加自动更新的日期和时间及幻灯片编号。

⑥ 在幻灯片母版中将标题幻灯片版式的母版重命令为"面试技巧指导"。

4. 打开练习素材文件 11-4.pptx 并完成以下操作。

① 创建自定义放映，放映名称为"放映 1"，包含的幻灯片和顺序为原演示文稿中的第 5、第 3 和第 7 张幻灯片。

② 设置幻灯片放映的方式：放映类型为"演讲者放映（全屏幕）"，勾选"循环放映，按 Esc 键终止"选项，选择"自定义放映"→"放映 1"。

③ 将演示文稿另存为 PowerPoint 放映，文件名为"就业指导讲座"，保存类型为"PowerPoint 放映（*.ppsx）"，设置"打开权限密码"为"123"。

5. 利用素材图片文件夹中的图片创建相册。相册演示文稿建立后，对每张幻灯片中的图片使用"图片工具"→"格式"→"图片样式"组中的功能，设置自己喜欢的图片边框和图片效果，使用"图片工具"→"格式"→"大小"组中的"裁剪→裁剪为形状"功能，将图片裁剪为各种形状。

第 *12* 章

诗 词 欣 赏

诗词欣赏

PPT

一个好的演示文稿除了有文字和图片等常见的基本元素外，还少不了在其中加入一些多媒体对象，如视频片段、声音效果或 Flash 动画等。在 PowerPoint 的幻灯片中加入多媒体对象后，可使制作的演示文稿更加生动活泼、丰富多彩，提高其观赏性和感染力，从而能够更好地引起观众的兴趣，调动观众的积极性。

在幻灯片中，媒体元素的添加有多种方法，如文字可以通过文本框添加，也可以通过控件添加，不同的添加方法有各自的使用特点。本章介绍在演示文稿中添加多媒体对象的各种实用方法，使制作出来的演示内容图文并茂、声色俱全。

12.1 任务描述▼

小李在企业的工会任职，负责企业文化的推广工作。为了让企业员工了解我国传统文化，工会计划举行一系列的中国传统文化讲座，小李负责诗词欣赏这一环节。怎样利用多媒体素材图文并茂、声色俱全的特点来展现古代诗词的韵味，让员工在接受文化熏陶的同时得到美的享受，是小李的重点任务。本任务重点介绍演示文稿中多媒体素材的综合应用。为便于学习和操作，将任务分解为 4 个子任务。

1. 收集素材

在网上搜索并下载与本制作任务相关的素材。

2. 制作封面和简介

在制作中充分利用文本、图片及声音素材，并对素材进行相关选项的设置。

3. 利用控件添加素材

在制作介绍李白、杜甫的幻灯片内容时，利用 Shockwave Flash Object 控件添加 Flash 动画，利用"文本框"控件添加长文本内容。

4. 素材的添加与排列、组合

在制作介绍苏轼的幻灯片内容时，同时选择文本框、图片等多个对象后，利用"排列"组中的功能进行排列、组合。

图 12-1 所示为本任务完成后的参考效果。

诗词欣赏
素材

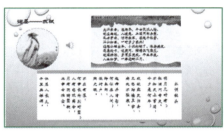

图 12-1　诗词欣赏参考效果

12.2　任务实施

1. 上网收集素材

利用搜索引擎（如百度、必应等）搜索与本任务相关的素材，其中包括与诗人有关的文字作品、图片、Flash 动画及声音等，并下载以备使用。

2. 制作封面

① 启动 PowerPoint，在默认新建的"演示文稿 1"的第 1 张幻灯片（默认版式为"标题幻灯片"）中输入标题文本"诗词欣赏"和副标题文本"中国传统文化系统讲座"，如图 12-1 所示的第 1 张幻灯片。在"设计"→"主题"组中单击"其他"按钮，在弹出的下拉列表中选择"水滴"主题。

微课 12-1
制作诗词欣赏
封面和简介

② 插入背景音乐。在"插入"→"媒体"组中单击"音频"→"PC 上的音频"，打开"插入音频"对话框，选择素材中的声音文件"背景音乐.wav"并单击"插入"按钮，在幻灯片中添加一个喇叭的小图标，当鼠标指针指到喇叭图标上或单击喇叭图标，在图标下会显示出播放控制条，如图 12-2 所示。选择喇叭图标，在"音频工具"→"播放"→"音频选项"组中单击"音量"，在弹出的下拉列表中选择"中"选项，设置"开始"为"自动"，勾选"放映时隐藏"复选框，如图 12-3 所示。

图 12-2 播放控制条 图 12-3 "音频选项"功能组

3. 制作诗词简介

在"开始"→"幻灯片"组中单击"新建幻灯片"下拉按钮在弹出的下拉列表中选择"两栏内容"选项,新建一张"两栏内容"版式的幻灯片。在标题占位符中输入"诗与词",在左侧的内容占位符中输入诗和词的简介内容(参考图 12-1 中的第 2 张幻灯片),在右侧的内容占位符中通过单击"插入来自文件的图片"图标,插入素材图片"悯农.jpg"。在"插入"→"图像"组中单击"图片"按钮,再插入另一个素材图片"行路难.jpg"。参考图 12-1 所示的第 2 张幻灯片调整幻灯片中的标题、文本及两张图片的大小及位置。

4. 制作李白诗词欣赏幻灯片

① 新建一张"空白"版式幻灯片,在"插入"→"文本"组中单击"文本框"按钮下半部分,在下拉列表中选择"横排文本框"选项,在幻灯片左上角单击,插入文本框并输入文本"诗仙——李白",字号为"28"。在"插入"→"图像"组中单击"图片"按钮,插入素材图片"李白.jpg"和"将进酒.jpg",并调整大小及位置,效果如图 12-1 所示的第 3 张幻灯片。

微课 12-2
制作李白诗词
欣赏幻灯片

② 利用控件插入 Flash 动画。选择"文件"选项卡,单击左栏中的"选项"按钮,打开"PowerPoint 选项"对话框。在对话框中选择左侧的"自定义功能区"选项,在右侧的"自定义功能区"下的下拉列表中选择"主选项卡"选项,并在下面的列表框中选中"开发工具"复选框,如图 12-4 所示。

图 12-4 "PowerPoint 选项"对话框

在"PowerPoint 选项"对话框中单击"确定"按钮,返回 PowerPoint 窗口,此时在功能区中增加了"开发工具"选项卡,如图 12-5 所示。

图 12-5 "开发工具"选项卡

在"开发工具"→"控件"组中单击"其他控件"按钮,打开"其他控件"对话框,如图 12-6 所示,选择"Shockwave Flash Object"选项,单击"确定"按钮,然后在幻灯片中通过拖动鼠标绘制控件,如图 12-7 所示。

图 12-6 "其他控件"对话框

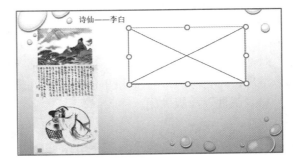

图 12-7 幻灯片中绘制的控件

选择在幻灯片中绘制的 Shockwave Flash Object 控件,在"开发工具"→"控件"组中单击"属性"按钮(或右击控件,在弹出的快捷菜单中选择"属性"命令),打开"属性"面板,如图 12-8 所示。在"按字母序"选项卡中单击 Movie 属性,在其右侧的文本框中输入要播放的 Flash 动画文件的路径;单击 Playing 属性,通过其右侧的三角形按钮选择"False"属性值。单击"属性"面板右上角的关闭按钮,关闭"属性"面板。

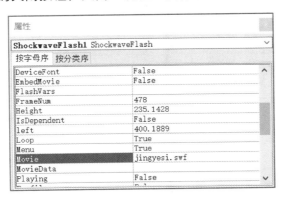

图 12-8 控件"属性"面板

③ 在 Shockwave Flash Object 控件下面插入横排文本框，输入《将进酒》全文，设置字号为 15，效果如图 12-1 所示的第 3 张幻灯片。

5. 制作杜甫和白居易诗词欣赏

① 新建一张"空白"版式幻灯片，插入两个横排文本框，一个输入文本"诗圣——杜甫"，一个输入文本"诗魔——白居易"。插入素材图片"杜甫.jpg"和"琵琶行.jpg"并调整大小及位置，效果如图 12-1 所示的第 4 张幻灯片。

② 用上面的方法插入 Flash 动画（chunwang.swf）并调整大小及位置，效果如图 12-1 所示的第 4 张幻灯片。

③ 利用文本框控件添加文本块。在"开发工具"→"控件"组中单击"文本框（ActiveX 控件）"按钮，然后在幻灯片中拖动鼠标绘制控件。右击绘制的控件，在快捷菜单中选择"属性"命令，打开"属性"面板，如图 12-9 所示。在"按字母序"选项卡中单击 MultiLine 属性，通过其右侧的三角形按钮选择"True"属性值。单击 ScrollBars 属性，通过其右侧的三角形按钮选择"2-fmScrollBarsVertical"属性值。单击 Font 属性，然后单击其右侧的三点按钮，打开"字体"对话框，如图 12-10 所示。通过该对话框设置文本框控件中字体的外观（字体为隶书，字形为常规，大小为小二），然后单击"确定"按钮。最后单击"属性"面板右上角的"关闭"按钮，将"属性"面板关闭。

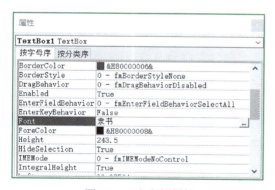

图 12-9　文本框属性

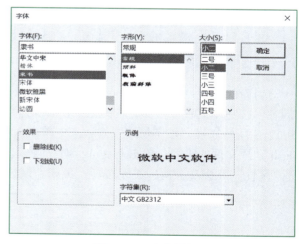

图 12-10　字体属性设置

选择幻灯片中的文本框控件并右击，在快捷菜单中选择"文字框对象"→"编辑"命令，文本框控件中出现光标，表示文本框控件处于编辑状态，可以输入文本内容。在文本框中输入白居易的《琵琶行》，效果如图 12-1 所示的第 4 张幻灯片。

> ✎ **注意**
>
> 在文本框控件中输入文本内容时可通过按 Ctrl + Enter 组合键来实现换行（分段）。

6. 制作苏轼诗词欣赏

① 新建一张"空白"版式的幻灯片，插入横排文本框并输入文本"词圣——苏轼"，插入素材图片"苏轼.jpg"并调整大小及位置，效果如图 12-1 所示的第 5 张幻灯片。

② 插入素材图片"赤壁怀古背景图.jpg"和"水调歌头背景图.jpg"，并调整大小及位置，效果如图 12-1 所示的第 5 张幻灯片。在"赤壁怀古背景图.jpg"上插入一个横排的文本框，并输入《念奴娇·赤壁怀古》的内容。在"水调歌头背景图.jpg"上插入一个竖排的文本框，并输入《水调歌头》的内容。

③ 根据"赤壁怀古背景图.jpg"的大小和位置，调整其上面横排文本框的大小和位置，使两者配合美观，必要时还可调整文本框中文字的字体与字号。同时选择"赤壁怀古背景图.jpg"和文本框，然后在选择的"赤壁怀古背景图.jpg"上右击，在快捷菜单中选择"组合"→"组合"命令，将背景图和文本框组合成一个对象。用相同的方法将"水调歌头背景图.jpg"和其上面的竖排文本框调整好，并进行组合。

> ✎ **说明**
>
> 同时选择多个对象的方法有两种，一种是通过鼠标的拖动，进行框选，即鼠标拖出的矩形框内完整的对象被全部选择；另一种方法是通过按住 Ctrl 键然后分别单击需要同时选择的各个对象。

④ 插入作者简介声音素材。在"插入"→"媒体"中单击"音频"→"PC 上的音频"，打开"插入音频"对话框，选择素材中的声音文件"苏轼简介.wav"并单击"插入"按钮，在幻灯片中会添加一个喇叭的小图标表示所插入的声音，调整该喇叭图标的大小及位置，效果如图 12-1 所示的第 5 张幻灯片。

7. 制作总结幻灯片

① 新建一张"空白"版式幻灯片，在"插入"→"文本"→"艺术字"组中单击"填充-百色，轮廓-着色 1"，输入"唐诗宋词"，设置字体为"华文隶书"，字号为 28。

添加两个横排文本框，分别输入唐代诗歌和宋代诗词的简短说明文字，调整文本框的大小和位置，并调整文本的字号，效果如图 12-1 所示的第 6 张幻灯片。

② 插入两幅素材图片"唐诗.jpg"和"宋词.jpg"，调整图片的大小和位置。在"图片工具"→"格式"→"图片样式"组中单击"图片边框"按钮，在弹出的下拉列表中选择"粗细"→"0.25 磅"选项，为图片加上边框，效果如图 12-1 所示的第 6 张幻灯片。

③ 插入表格。在幻灯片中添加一个 2 列 3 行的表格，调整表格的大小及位置。

拖动鼠标选择表格第 1 行的两个单元格，在"表格工具"→"布局"→"合并"组中单击"合并单元格"按钮，将第 1 行的两个单元格合并，并输入文本"网上诗词欣赏资源："。在表格的其他单元格分别输入资源网址。选择某一资源网址文本，在"插入"→"链接"中单击"超链接"按钮，在弹出的"编辑超链接"对话框中设置其链接到的对应网页。单击表格的外边框，选择整个表格，然后在"表格工具"→"设计"→"表格样式"组中单击"效果"按钮，在弹出的列表中选择"单元格凹凸效果"→"棱台"→"圆"选项，设置表格的外观效果。

补充：

资源网址为"https://www.gushiwen.cn""http://www.nulog.cn""http://www.shiandci.net"和"http://www.tangshisongci.net"。

微课 12-3
幻灯片设置切
换和动画效果

8. 设置幻灯片的切换效果

① 选择第 1 张幻灯片，在"切换"→"切换到此幻灯片"组中单击"其他"按钮，在弹出的下拉列表中选择"华丽型"→"涡流"选项；单击"效果选项"按钮，在弹出的下拉列表中选择"自顶部"选项。在"切换"→"计时"中设置"持续时间"为 03.00。

② 在"切换"→"计时"组中单击"全部应用"按钮，将设置好的切换效果应用到演示文稿中的所有幻灯片，以统一放映时的切换效果。

9. 设置动画效果

为对象设置动画效果，使对象在放映时以动态的方式显示，极大地吸引观众的注意力。同时，还能对同一张幻灯片中设置了动画效果的多个对象进行排序。

① 选择第 2 张幻灯片的标题，在"动画"→"动画"组中单击"其他"按钮，如图 12-11 所示，在弹出的下拉列表中选择"进入"→"弹跳"选项。

图 12-11　"动画"选项卡

② 在"动画"→"高级动画"组中单击"动画窗格"按钮，显示"动画窗格"。在"动画窗格"中单击"标题 1"右侧的下三角按钮，在弹出的下拉列表中选择"效果选项"，如图 12-12 所示。在打开的"弹跳"对话框的"效果"选项卡中，设置"动画文本"为"按字/词"和"%字/词之间延迟"为 30，如图 12-13 所示。

图 12-12　选择"效果选项"

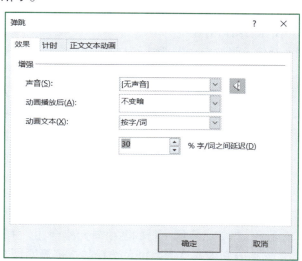

图 12-13　在"弹跳"对话框中设置参数

③ 选择"悯农"图片，在"动画"→"动画"组中单击"其他"按钮，选择下拉列表中的"更多进入效果"选项，打开"更改进入效果"对话框，选择其中的"温和型"→"翻转式

由远及近"选项，并在"动画"→"计时"组中将"持续时间"改为 02.00。

继续选择"悯农"图片，在"动画"→"高级动画"组中单击"添加动画"按钮，选择弹出列表中"更多强调效果"选项，打开"添加强调效果"对话框，选择其中的"温和型"→"跷跷板"选项，并在"动画"→"计时"组中将"开始"设置为"上一动画之后"，将"延迟"设置为 01.00。

④ 选择幻灯片中的文本，添加"进入"→"浮入"动画效果，设置"持续时间"为 03.00。选择"行路难"图片，添加"进入"→"缩放"动画效果，设置"持续时间"为 02.00。

⑤ 用相同方法为第 3～6 张幻灯片中的对象添加需要的动画效果。

补充：

可以使用"动画"→"高级动画"中的"动画刷"按钮将某一对象上设置好的动画效果应用到其他对象上。

本 章 小 结

本章通过"诗词欣赏"演示文稿的制作，重点介绍了在演示文稿制作过程中多媒体素材的使用，包括文本、图片、声音及动画等，这些素材在幻灯片中运用非常灵活，同时也极大地丰富了演示的效果。充分了解各种媒体素材及其添加的方法，有助于制作出效果更好的演示文稿。

习 题 12

习题参考
答案

1. 打开练习素材文件 12-1.pptx 并完成以下操作：

① 选择第 2 张幻灯片，利用"插入"→"媒体"→"音频"组中的"PC 上的音频"选项，插入素材中的"声音.mp3"，把代表声音的图标拖放到幻灯片的右下角。

② 选择第 3 张幻灯片，利用"插入"→"媒体"→"音频"组中的"录制声音"选项添加对背景分析的解说内容。

2. 打开练习素材文件 12-2.pptx 并完成以下操作：

① 选择第 1 张幻灯片，利用"插入"→"媒体"→"音频"组中的"PC 上的音频"选项，插入素材中的"声音.mp3"，并把代表声音的喇叭图标拖放到幻灯片的右下角。

② 选中代表声音的喇叭图标，在"音频工具"→"播放"→"音频选项"组中勾选"放映时隐藏"和"循环播放，直到停止"复选框。

③ 打开动画窗格，单击声音动画项右侧的下三角按钮，在弹出的列表中选择"计时"选项，打开"播放音频"对话框。在该对话框中选择"效果"选项卡，在"开始播放"选项组中选择"从头开始"；在"停止播放"选项组中选择"在： 张幻灯片后"，并将数值设置为"5"。

④ 选择最后一张幻灯片，在"插入"→"媒体"组中单击"视频"→"PC 上的视频"选项，插入视频文件"国庆.mp4"，并相应地调整其位置和大小。

3. 打开练习素材文件 12-3.pptx 并完成以下操作：

添加第 2 张幻灯片，插入 Flash 动画，对应的文件为"Toyota.swf"。

第 *13* 章

企业产品宣传

目前，如何有效地利用多媒体技术来宣传公司的形象、产品及服务等，已成为每个企业营销战略中必不可少的部分。而在使用演示文稿进行宣传时，为了使播放效果更生动、更灵活，可以在幻灯片中设置幻灯片切换效果，为幻灯片中的文字、图片等对象设置动画效果，还可以将 SmartArt 图形制作成动画。同时，可以在幻灯片中设置超链接、添加动作按钮，以实现播放的交互控制及在播放幻灯片时引入外部素材。

演示内容可以通过设置幻灯片切换效果和动画效果实现灵活的动态展示，而利用动画效果还可以实现对声音、视频等多媒体播放的有效控制。演示内容的交互性，除了可以通过超链接和动作设置外，还可以通过控件的添加和程序代码的控制来实现。本章介绍演示文稿动画及交互效果的多种制作方法，使用户能随心所欲地控制演示文稿的播放。

13.1　任务描述▼

小王刚应聘到某 IT 企业的营销部，负责公司新产品的推广工作。本任务介绍小王如何利用 PowerPoint 的强大功能，制作富有动感和交互效果的企业产品宣传推广内容。该任务可分解为 4 个子任务。

1.　母版设计

在母版中设计公司的标志，统一演示文稿的外观。

2.　插入 SmartArt 图形和图表

在第 2、6 张幻灯片中分别插入不同类型的 SmartArt 图形，并利用"SmartArt 工具"修改图形的外观。在第 2 张幻灯片中插入图表并修改图表的数据。

3.　利用控件添加图片

在第 3、4 和 5 张幻灯片中利用图像控件添加图片，并通过设置控件的属性让控件满足使用要求。

4.　添加程序代码

利用 Microsoft Visual Basic for Applications 程序窗口为控件添加程序代码。

图 13-1 所示为本任务完成后的参考效果。

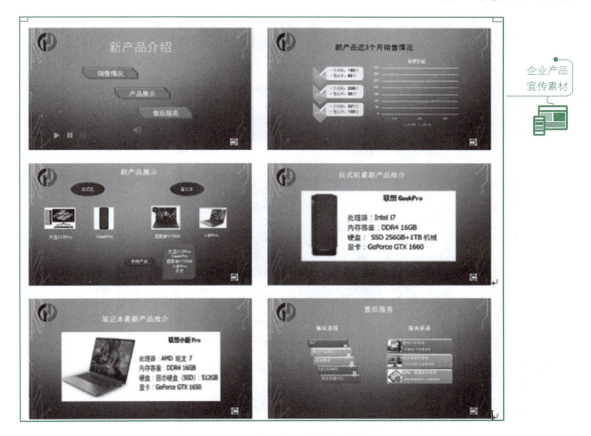

图 13-1   企业产品宣传参考效果

企业产品
宣传素材

13.2   任务实施 ▼

1. 利用母版设计演示文稿的统一外观

① 启动 PowerPoint，默认以"空白演示文稿"模板新建"演示文稿 1"，且含有 1 张标题幻灯片。

在"设计→主题"组中单击"其他"按钮，在弹出的主题库中选择"电路"选项。

微课 13-1
封面和销售
情况

② 在幻灯片母版视图左侧窗格中选择"电路 幻灯片母版"缩略图，插入素材图片"LOGO.jpg"。把插入的图片拖放到幻灯片母版的左上角并调整好图片的大小，可参考图 13-2。选择插入的图片，在"图片工具"→"格式"→"调整"组中单击"颜色"按钮，在弹出的列表中选择"设置透明色"选项。将鼠标指针移到插入图片的白色上单击，将图片中的白色设置为透明。在"图片工具"→"格式"→"图片样式"组中单击"其他"按钮，在弹出的样式库中选择"矩形投影"选项，为图片添加投影效果。效果如图 13-2 所示。

③ 在"幻灯片母版"→"关闭"组中单击"关闭母版视图"按钮，退出幻灯片母版视图，返回普通视图。

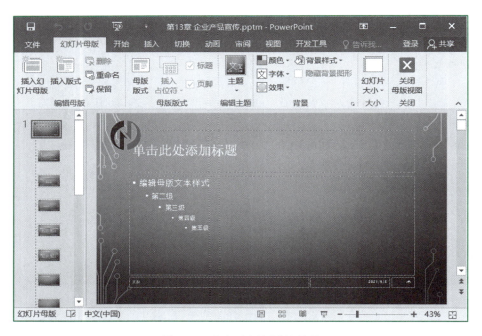

图 13-2　幻灯片母版设计效果

2. 制作新产品宣传封面内容

① 插入一张空白版式的幻灯片。

② 选择艺术字样式"填充-白色，轮廓-着色 1"插入艺术字，输入文字内容"新产品介绍"，将字体设置为"黑体"，字号设置为"54"，并设置艺术字样式的文本效果为"发光→发光变体→橙色，5 pt 发光，个性色 2"。效果如图 13-1 所示的第 1 张幻灯片。

③ 在"插入"→"插图"组中单击"形状"按钮，在弹出的下拉列表中选择"矩形"→"剪去对角的矩形"选项，在幻灯片中拖动鼠标绘制形状，并通过拖动形状右上角黄色的控制点来调整对角剪去的程度。选择插入的形状，输入文本内容"销售情况"，字体设置为"黑体"，字号设置为 28。选择形状后通过"绘图工具"→"格式"→"形状样式"组设置形状填充为"主题颜色→青色，个性 6"，设置形状效果为"棱台→棱台→艺术装饰"。

复制两份插入的形状，并将文字内容分别改为"产品展示"和"售后服务"，调整 3 个形状的大小及位置，效果如图 13-1 所示的第 1 张幻灯片。

3. 制作企业产品销售情况介绍

① 插入一张空白版式的幻灯片。

② 利用横排文本框在新幻灯片中添加标题"新产品近 3 个月销售情况"，设置字体为"黑体"，设置字号为"32"。

③ 在"插入"→"插图"组中单击 SmartArt 按钮，打开"选择 SmartArt 图形"对话框，在左边栏选择"全部"选项，在中间栏的列表中选择"垂直 V 形列表"选项，单击右边栏中的"确定"按钮。利用 SmartArt 图形左边的文本窗格输入相应的文字内容，如图 13-3 所示。选择 SmartArt 图形，在"SmartArt 工具"→"设计"→"SmartArt 样式"组中单击"其他"按钮，在弹出的样式库中选择"三维→优雅"选项。

④ 在"插入"→"插图"中单击"图表"按钮，打开"插入图表"对话框，在左边栏选

择"折线图"类型,在右边栏选择"带数据标记的折线图"子类型,单击"确定"按钮。在幻灯片中添加默认的图表,同时启动 Excel 程序以进行图表数据的编辑。在 Excel 的工作表中拖动鼠标选择所有的数据并删除,重新输入图表数据,如图 13-4 所示。单击 Excel 程序窗口右上角的"关闭"按钮,关闭 Excel 程序,结束图表数据编辑。在幻灯片中调整所添加的图表的位置及大小,并可进一步调整图表中各元素的大小、位置及外观,如将图例移动到图表的下边,效果如图 13-1 所示的第 2 张幻灯片。

图 13-3　SmartArt 图形　　　　　　　　　　图 13-4　图表数据

4. 制作新产品展示导航幻灯片

① 新建 3 张"空白"版式的幻灯片,幻灯片编号分别为 3、4 和 5。

② 选择第 3 张幻灯片,利用文本框添加标题文字"新产品展示",设置字体为"黑体",字号为 32,并调整好位置。

微课 13-2
新产品导航

③ 在第 3 张幻灯片中绘制一个椭圆,并输入文本"台式机"。填充颜色为"主题颜色-深蓝,背景 2,深色 25%";形状效果为"棱台-棱台-棱纹",椭圆制作效果如图 13-5 所示。

复制椭圆形状一份,并将文本改为"笔记本",调整好两个椭圆形状在幻灯片中的位置。

④ 在"开发工具"→"控件"组中单击"图像(ActiveX 控件)"按钮,然后在第 3 张幻灯片中拖动鼠标绘制图像控件。在"开发工具"→"控件"组中单击"属性"按钮,打开"属性"面板,如图 13-6 所示。

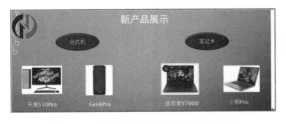

图 13-5　新产品展示幻灯片(部分)　　　　　图 13-6　图像控件"属性"面板

在"属性"面板中,上面的下拉列表显示当前选择的控件对象,如"Image1 Image",表明当前选择的是 Image(图像)控件,控件名称为 Image1。下面可以"按字母序"或"按分类序"

来显示当前控件的属性，左边列为属性名，右边列为属性值。修改 Image1 控件的如下属性：选择 Picture 属性，单击对应属性值右边的三点按钮，在打开的"加载图片"对话框中选择素材图片"台式机 1.jpg"，通过鼠标调整控件显示的图片大小。

补充：

要了解各属性的功能，可以在"属性"面板中选择相应的属性，然后按 F1 键打开帮助文档，获取帮助。

用相同的方法在第 3 张幻灯片中添加 Image2、Image3 和 Image4 控件，对应的 Picture 属性值分别为素材图片"台式机 2.jpg""笔记本 1.jpg"和"笔记本 2.jpg"。

利用文本框在 4 幅图片下分别加上名称，文本内容可参考图 13-5。

⑤ 在第 3 张幻灯片的下面添加一个圆角矩形，并输入文本"热销产品"，通过拖动圆角矩形的黄色控制点增加角部的圆弧长度。用相同的方法在圆角矩形的右边添加一个对角圆角矩形，并输入文本，文本内容可参考图 13-7。

图 13-7　圆角矩形和对角圆角矩形

5. 制作台式机新产品推介内容

① 选择第 4 张幻灯片，利用文本框添加标题文字"台式机最新产品推介"，字体为"黑体"，字号为 32，并调整好位置。

② 在"开发工具"→"控件"组中单击"图像（ActiveX 控件）"按钮，拖动鼠标绘制出图像控件 Image1。在"开发工具→控件"组中单击"属性"按钮，打开"属性"面板，修改如下属性：选择 Picture 属性，设置为素材图片"台式机 1 介绍.jpg"；用鼠标调整控件大小及位置；选择 Visible 属性，设置为 False。

微课 13-3
台式机新产品

注意

当 Visible 属性值为 False 时，该控件将被隐藏。

③ 用与②相同的方法在第 4 张幻灯片中再添加一个图像控件 Image2，设置 Picture 属性值为素材图片"台式机 2 介绍.jpg"，设置 Visible 属性值为 True。

6. 制作笔记本新产品推介内容

选择第 5 张幻灯片，用与"制作台式机新产品推介内容"相同的方法添加标题文本及图像控件，标题文字为"笔记本最新产品推介"；将第 1 个添加的图像控件 Image1 的 Picture 属性值设置为素材图片"笔记本 1 介绍.jpg"，Visible 属性值为 False；将第 2 个添加的图像控件 Image2 的 Picture 属性值设置为素材图片"笔记本 2 介绍.jpg"，Visible 属性值为 True。

7. 编写幻灯片 3 和 4、5 之间的演示控制程序代码

选择第 3 张幻灯片，选中添加的第 1 幅图像（Image1 控件），在"开发工具"→"控件"

组中单击"查看代码"按钮，打开"Microsoft Visual Basic for Applications"程序窗口，如图 13-8 所示，在该窗口中可对控件对象进行程序代码的编写。

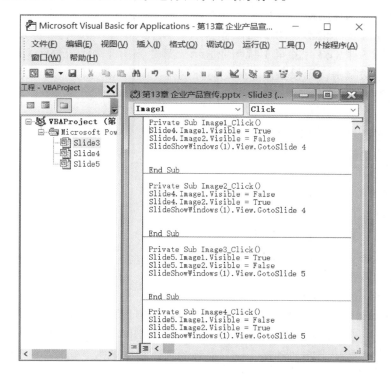

微课 13-4
程序控制播放

图 13-8 "Microsoft Visual Basic for Applications"程序窗口

在程序窗口的工作区中，左边为"工程"窗格，其中所列的 Slide3、Slide4 和 Slide5 分别代表第 3、4 和 5 张幻灯片，可分别用鼠标双击以打开相应幻灯片的程序代码窗口。打开 Slide3（第 3 张幻灯片）对应的程序代码窗口，参考图 13-8 输入所需要的代码。第 1 个图像控件 Image1 的程序代码及功能解释如图 13-9 所示。

图 13-9 第 1 个图像控件 Image1 的程序代码及其功能解释

在程序代码窗格中输入代码时，可通过"控件对象列表"下拉列表选择幻灯片中不同的控件对象，通过"事件列表"下拉列表选择该控件对象能响应的事件，光标将自动定位到该控件对象相应的事件代码中，这时可直接输入该控件对象响应事件要执行的程序代码。例如，在"控件对象列表"中选择"Image2"，在"事件列表"中选择"Click"，即可在光标处输入 Image2

（第 2 幅图像）被单击（Click）时要执行的代码，代码可参考图 13-8。

程序代码的功能是：当第 3 张幻灯片显示时，若第 1 幅图像被单击，则设置第 4 张幻灯片的第 1 幅图像显示、第 2 幅图像隐藏，演示文稿显示第 4 张幻灯片；若第 2 幅图像被单击，则设置第 4 张幻灯片的第 1 幅图像隐藏、第 2 幅图像显示，演示文稿显示第 4 张幻灯片；若第 3 幅图像被单击，则设置第 5 张幻灯片的第 1 幅图像显示、第 2 幅图像隐藏，演示文稿显示第 5 张幻灯片；若第 4 幅图像被单击，则设置第 5 张幻灯片的第 1 幅图像隐藏、第 2 幅图像显示，演示文稿显示第 5 张幻灯片。

补充：

在程序代码编写的过程中，可通过帮助了解各控件对象的事件、方法和属性的功能说明及使用方法，以进一步理解程序代码的功能。

8. 利用自定义动画制作弹出式菜单

① 选择第 3 张幻灯片，选中对角圆角矩形，在"动画"→"动画"组中单击"其他"按钮，在弹出的下拉列表中选择"进入"→"淡出"选项。在"动画"→"高级动画"组中单击"触发"按钮，在弹出的下拉列表中选择"单击"→"圆角矩形 15"选项，如图 13-10 所示。

图 13-10 "高级动画→触发"

② 再次选中第 3 张幻灯片中对角圆角矩形，在"动画"→"高级动画"组中单击"添加动画"按钮，在弹出的列表中选择"退出"→"淡出"选项，为对角圆角矩形添加第 2 个动画效果。在"动画"→"高级动画"组中单击"触发"按钮，在弹出的列表中选择"单击"→"对角圆角矩形 17"选项。在"动画窗格"中为对角圆角矩形添加的动画效果及功能解释如图 13-11 所示。

微课 13-5
弹出菜单动画

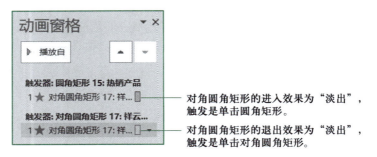

对角圆角矩形的进入效果为"淡出"，触发是单击圆角矩形。

对角圆角矩形的退出效果为"淡出"，触发是单击对角圆角矩形。

图 13-11 对角圆角矩形添加的动画效果及功能解释

动画效果：单击圆角矩形会显示出对角圆角矩形；当对角圆角矩形显示时，单击对角圆角矩形，其会隐藏（退出）。

9. 制作售后服务介绍内容

① 新建 1 张"空白"版式的幻灯片，利用文本框输入标题文本"售后服务"，设置字体为"黑体"，字号为 32。

复制标题文本，将复制的文本内容改为"售后流程"，将字号改为 24。复制"售后流程"文本，将复制的文本内容改为"服务承诺"。调整好各文本内容的位置，效果如图 13-1 所示的第 6 张幻灯片。

② 在"插入"→"插图"组中单击 SmartArt 按钮，在打开的"选择 SmartArt 图形"对话框中选择"流程"→"交错流程"选项，单击"确定"按钮，在幻灯片中插入 SmartArt 图形，利用文本窗格输入图形中的文本，如图 13-12 所示。

选择插入的 SmartArt 图形，通过鼠标拖动调整好图形的大小和位置，在"SmartArt 工具"→"设计"→"SmartArt 样式"组中单击"其他"按钮，在弹出的样式库中选择"三维"→"优雅"选项；单击"更改颜色"按钮，在弹出的下拉列表中选择"彩色"→"彩色范围-个性色 3 至 4"选项。

图 13-12　选择"交错流程"插入 SmartArt 图形

③ 插入另一个 SmartArt 图形，图形选择"列表"→"垂直图片列表"选项，利用文本窗格输入图形中的文本和插入图形中图片，如图 13-13 所示。设置"SmartArt 样式"为"三维"→"优雅"选项；单击"更改颜色"按钮，在弹出的下拉列表中选择"彩色"→"彩色范围-个性色 5 至 6"选项。

图 13-13　选择"垂直图片列表"插入 SmartArt 图形

④ 选择第 1 个 SmartArt 图形，在"动画"→"动画"组中单击"其他"按钮，在弹出的下拉列表中选择"弹跳"选项。选择"触发"→"单击"→"文本框 2"，在"动画"→"动画"组中单击"效果选项"按钮，在弹出的下拉列表中选择"逐个"选项，如图 13-14 所示。

补充：

该"效果选项"功能设置对添加了动画的图表同样有效。

选择第 2 个 SmartArt 图形，在"动画"→"动画"组中单击"其他"按钮，在弹出的下拉列表中选择"淡出"选项，并设置其"效果选项"为"逐个"选项，选择"触发"→"单击"→

图 13-14　"效果选项"下拉列表

"文本框 3"选项。

10. 设置幻灯片之间的切换

① 选择第 1 张幻灯片，在"切换"→"切换到此幻灯片"组中单击"其他"按钮，在弹出的下拉列表中选择"细微型"→"显示"选项；选择第 2 张幻灯片，选择"华丽型"→"切换"选项；用相同的方法为演示文稿中的其他幻灯片分别设置不同的切换效果。

② 选择第 1 张幻灯片，在"切换"→"计时"组中单击"换片方式"下的"单击鼠标时"选项，取消此选项的勾选，即放映时默认的单击鼠标换片的功能不起作用。用相同的方法将演示文稿中其他幻灯片的"切换"→"计时"组中"换片方式"下的"单击鼠标时"选项均取消勾选。

③ 选择第 1 张幻灯片，插入素材图片 go.gif 并移动到幻灯片的右下角。选择插入的图片，在"插入"→"链接"组中单击"动作"按钮，打开"动作设置"对话框。在该对话框中选中"单击鼠标"选项卡中的"超链接到"单选按钮，并设置其选项值为"下一张幻灯片"。用相同的方法在第 2 张幻灯片中添加图片并设置动作。

选择第 3 张幻灯片，同样在右下角添加素材图片"go.gif"，但动作设置为"超链接到"中的"最后一张幻灯片"。选择第 6 张幻灯片，在右下角添加素材图片"go.gif"，将动作设置为"超链接到"中的"结束放映"。

选择第 4 张幻灯片，在右下角添加素材图片"go.gif"。选择插入的图片，在"图片工具"→"格式"→"排列"组中单击"旋转"按钮，在弹出的下拉列表中选择"水平翻转"选项。为图片插入动作，将动作设置为"超链接到"中的"幻灯片…"，并在打开的"超链接到幻灯片"对话框中选择"3. 幻灯片 3"选项。用相同的方法在第 5 张幻灯片中添加图片并设置动作。

> ▶注意
>
> 在第 4、5 张幻灯片中插入图片时，图片可能会被图像控件覆盖而看不到，这时可在"开始"→"编辑"组中单击"选择"按钮，在弹出的下拉列表中选择"选择窗格"选项，打开"选择"窗格，利用该窗格调整对象的显示与隐藏，以便进行编辑。

11. 文件保存与打开

由于演示文稿中添加了控件对象及程序代码，因此保存为默认的演示文稿格式（.pptx）会弹出警告信息，如图 13-15 所示。所以必须保存为"启用宏的 PowerPoint 演示文稿"格式（.pptm）。

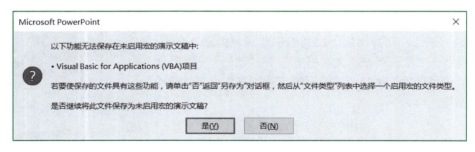

图 13-15　警告信息

对于"启用宏的 PowerPoint 演示文稿"格式（.pptm）的演示文稿，由于包含控件对象和程序代码，因此在打开时会显示出安全警告，如图 13-16 所示。

> ⚠ **安全警告** 部分活动内容已被禁用。单击此处了解详细信息。　启用内容

图 13-16　安全警告

单击"启用内容"按钮，才能让演示文稿中的控件对象及程序代码生效。

13.3　相关知识 ▽

1. 利用动画触发控制音、视频的播放

在"动画"→"高级动画"组中，"添加效果"按钮除了可以为一般的对象添加动画效果外，对于添加到幻灯片中的声音、视频对象，还可以进行特殊的控制。

微课 13-6
动画触发控制
音频

① 打开"企业产品宣传"演示文稿，选择第 1 张幻灯片，插入素材中的"背景音乐.mp3"声音文件。在"动画"→"高级动画"组中单击"动画窗格"按钮，打开"动画窗格"，其中已有一动画项产生，用于控制声音的播放，如图 13-17 所示。默认的播放控制是"触发器：背景音乐.mp3"，即放映时单击幻灯片中代表声音的喇叭图标控制声音播放。

② 选择代表声音的喇叭图标，在"动画"→"高级动画"组中单击"添加动画"按钮，在弹出的列表中，除基本的"进入""强调""退出"和"动画路径"这 4 大类动画效果外，还增加了"媒体"类动画效果，其中包括"播放""暂停""停止"和"搜寻"选项，如图 13-18 所示，利用这些选项可有效地控制声音的播放。

图 13-17　声音播放动画项

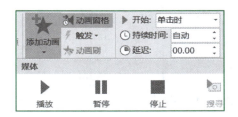

图 13-18　"媒体"动画效果

③ 在第 1 张幻灯片的左下角插入一个等腰三角形形状，在"绘图工具"→"格式"→"大小"组中设置高为 0.9 cm，宽为 1.1 cm，旋转为"向右旋转 90°"。再插入一个等于号形状，设置高为 1.3 cm，宽为 1.2 cm，旋转为"向右旋转 90°"，形状填充为"橙色"。再插入一个矩形形状，设置高为 0.8 cm，宽为 0.8 cm，形状填充为"深红"。移动等腰三角形、等于号和矩形 3 个形状，让它们在幻灯片左下角整齐排列。

补充：

对这 3 个形状的排列可运用"绘图工具"→"格式"→"排列"组中的"对齐"按钮所提供的功能。

④ 选择代表声音的喇叭图标，在"动画"→"高级动画"组中单击"触发"按钮，在弹出的下拉列表中选择"单击"→"等腰三角形 7"选项，将声音的播放控制改为单击等腰三角形形状。在"动画"→"高级动画"组中单击"添加动画"按钮，在弹出的下拉列表中选择"媒

体"→"暂停"选项，继续为声音添加暂停效果，并通过"触发"按钮选择"单击"→"等于号 8"选项，即通过单击等于号暂停声音的播放。用相同的方法继续为声音添加停止效果，"触发"为"单击"→"矩形 9"选项。

⑤ 选择等腰三角形形状，在"动画"→"高级动画"组中单击"添加动画"按钮，在弹出的下拉列表中选择"退出"→"淡出"选项，单击"触发"按钮选择"单击"→"等腰三角形 7"选项。在动画窗格中选择等腰三角形退出动画项，在"动画"→"计时"中单击"开始"项后的设置框，在弹出的列表中选择"上一动画之后"选项。

⑥ 继续选择等腰三角形形状，在"动画"→"高级动画"组中单击"添加动画"按钮，在弹出的下拉列表中选择"进入"→"淡出"选项，单击"触发"按钮选择"单击"→"矩形 9"选项。在"动画"→"计时"组中设置"开始"为"上一动画之后"选项。

⑦ 用相同的方法为等于号形状添加"进入"→"淡出"效果，"触发"为"单击"→"等腰三角形 7"选项，"开始"为"与上一动画同时"选项。继续为等于号形状添加"退出"→"淡出"效果，"触发"为"单击"→"矩形 9"选项，"开始"为"与上一动画同时"选项。

⑧ 用相同的方法为矩形形状添加"进入"→"淡出"效果，"触发"为"单击"→"等腰三角形 7"选项，"开始"为"与上一动画同时"选项。继续为矩形形状添加"退出"→"淡出"效果，"触发"为"单击"→"矩形 9"选项，"开始"为"与上一动画同时"选项。

⑨ 在"动画窗格"中，右击"播放：背景音乐"，在弹出的快捷菜单中选择"效果选项"，在弹出的"播放音频"对话框中选择"效果"→"开始播放"→"从上一位置"，单击"确定"按钮，如图 13-19 所示。

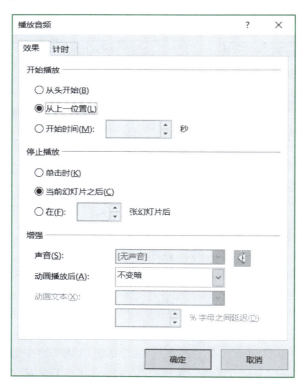

图 13-19 "播放音频"对话框

为声音和形状添加效果后的动画窗格中包含的动画项及功能说明如图 13-20 所示。

图 13-20　声音和形状的动画项及其功能说明

> 🖋注意
>
> 可以将代表声音的喇叭图标移动到幻灯片外，以便在放映幻灯片时隐藏。或选择代表声音的喇叭图标后，在"音频工具"→"播放"→"音频选项"组中勾选"放映时隐藏"复选框。

对于添加到幻灯片中的视频，也可以用同样的方法进行播放控制。

2. 录制幻灯片演示

在放映幻灯片时，为了便于观众理解，一般演示者会同时进行讲解。但是对于用于自动放映的演示文稿来说，不需要演示者在旁边讲解，这时需要讲解的内容可以利用录制幻灯片演示中的旁白功能添加。

若要为幻灯片录制旁白，在"幻灯片放映"→"设置"组中单击"录制幻灯片演示"按钮下半部分，在弹出的下拉列表中选择"从头开始录制"或"从当前幻灯片开始录制"选项，如图 13-21 所示，打开"录制幻灯片演示"对话框，如图 13-22 所示。

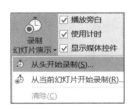

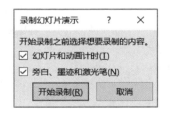

图 13-21　"录制幻灯片演示"下拉列表　　　　图 13-22　"录制幻灯片演示"对话框

在对话框中单击"开始录制"按钮，进入幻灯片的放映状态，并开始录制旁白声音，按 Esc 键结束录制旁白。下面是关于录制旁白功能的几点说明：

① 在录制旁白的过程中，若要暂停录制，可单击"录制"工具栏上的"暂停"按钮，或右击幻灯片，选择快捷菜单中的"暂停录制"命令。

② 在录制旁白的过程中，演示者可以一边放映幻灯片一边录制旁白，结束录制后，放映过的幻灯片右下角都会出现一个喇叭图标，代表该张幻灯片已录制了旁白。单击该图标，在"音频工具_播放→预览"组中单击"播放"按钮，可以试听旁白的声音效果。

③ 放映时，旁白声音优先于其他声音，并且演示期间只能播放一种声音。因此，旁白会覆盖演示文稿中设置为自动播放的其他声音，从而不会播放这些声音。

如果暂时不想播放旁白，可以在"放映幻灯片→设置"组中取消勾选"播放旁白"复选框。

如果要删除旁白，在"幻灯片放映→设置"组中单击"录制幻灯片演示"按钮的下半部分，在弹出的下拉列表中选择"清除"下的相应选项即可。

幻灯片录制完成后，单击"文件"→"导出"→"创建视频"命令，将录制好的视频文件保存即可。

本 章 小 结

本章介绍了控件对象的添加及程序代码的编写，重点讲解了利用动画效果对音频、视频的播放进行控制，以及超链接和动作设置，这些知识都能提升演示文稿放映的效果及控制的效率，最后还补充介绍了根据实际工作为演示文稿添加旁白及录制幻灯片演示的方法。

习 题 13

1. 打开练习素材文件 13-1.pptx 并完成以下操作。

① 将第 4 张幻灯片中 SmartArt 图形中的文字内容设置为自己喜欢的艺术字样式（可以为整个 SmartArt 图形中的文字都应用一种艺术字样式，也可以单独设置一个形状中的文字）。

习题参考答案

② 将 SmartArt 图形更改为"堆叠列表"类型，并将布局设置"从右向左"。

③ 利用"设计"选项卡设置 SmartArt 样式：用"更改颜色"功能将颜色设置为"彩色范围-个性色 5 至 6"；应用 SmartArt 样式库中的"三维"→"金属场景"效果。

④ 利用"格式"选项卡设置 SmartArt 形状：将 SmartArt 图形中的"矩形"形状更改为"单圆角矩形"形状。

2. 打开练习素材文件 13-2.pptx 并完成以下操作。

① 进入幻灯片母版视图，选择"标题幻灯片版式"，在右上角添加"圆角矩形"形状，输入文本"目录"并设置好形状样式。

② 在"圆角矩形"下再添加一个"矩形"形状，输入文本，如图 13-23 所示。

图 13-23 下拉菜单

③ 利用"添加动画"功能及动画的"触发"设置实现弹出式菜单效果。具体为单击"目录"，出现下面的

"矩形"，单击"矩形"，"矩形"则隐藏。设置"矩形"中的各段文本分别链接到相应的幻灯片。

3. 打开练习素材文件 13-3.pptx 并完成以下操作。

① 选择第 2 张幻灯片，利用超链接功能将"网站分析"文本链接到演示文稿的第 3 张幻灯片，且设置超链接的屏幕提示文字为"转到网站分析"。

② 用相同的操作将"网站优化""网站推广"和"营销培训"文本分别链接到演示文稿的第 4、第 5 和第 6 张幻灯片。

4. 打开练习素材文件 13-4.pptx 并完成以下操作。

① 选择第 8 张幻灯片，在"谢谢收看"文本框下插入影片"13-4.avi"，并调整好大小和位置。

② 在幻灯片底部添加 2 个棱台形状，分别输入文本"播放"和"暂停"。

③ 利用"添加动画"控制影片的播放，以实现单击"播放"棱台能播放影片，单击"暂停"棱台使影片的播放暂停。

第 4 篇　Microsoft Office 2016 综合应用

我们知道，Excel 是专门进行数值计算、数据分析和创建图表等操作的电子表格处理软件，Word 是功能强大的文字处理软件，而 PowerPoint 则是一款优秀的演示文稿制作软件，这三款软件是 Office 的主要组件。虽然 Office 的每个组件都可以单独使用，但学会综合使用 Office 各主要组件可极大提高工作效率，满足不同的办公需求，取得意想不到的效果。

Microsoft Office 2016 综合应用案例
PPT

第 14 章

Microsoft Office 2016 综合应用案例

Office 各个组件各取所长，协同作业，有助于充分利用其功能，使工作效率大大提高。本章将综合使用 Word、Excel、PowerPoint 三款软件，以"产品销售管理"为案例，加深对 Office 强大功能的理解，最后介绍在 Office 的各个组件间快速调用的方法。

14.1　使用 Excel 创建"产品销售管理"图表 ▼

使用 Excel 能够方便地对数据进行统计和分析操作，其图表功能还能够直观地表现出数据的统计和分析的结果。本节重点介绍创建下拉菜单式图表的方法。

14.1.1　任务描述

产品销售管理是每个企业必须开展的一项工作。做好产品销售管理对指导企业管理层决策和企业销售员工的工作十分重要，而 Excel 是解决此问题的极好工具。本节的任务是用 Excel 对已收集的大地公司产品销售数据进行处理与分析，侧重于下拉菜单式图表的创建。

图 14-1 给出了"产品销售管理"下拉菜单式图表的制作效果。

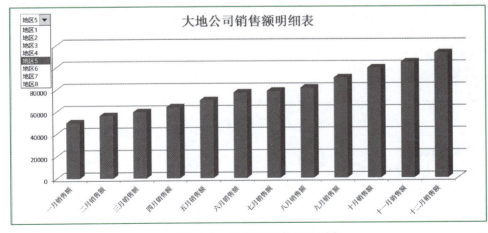

综合应用案例素材

图 14-1　"产品销售管理"图表

14.1.2　任务实施

1. 美化工作表

① 启动 Excel 2016，单击"文件"→"打开"命令，在弹出的"打开"对

微课 14-1
美化工作表

话框中找到"大地公司 1 至 12 月产品销售额明细表",然后单击"打开"按钮将其打开,如图 14-2 所示。

图 14-2 打开工作表

② 选择 A1:M1 单元格区域,单击"开始"→"对齐方式"组中的"合并后居中"按钮,将其合并为一个单元格,然后在"字体"组中设置字体为"黑体"、字号为 18、填充颜色为"深蓝色",字体颜色为"白色"。

③ 选择 A2:A10 和 B2:M2 单元格区域,在"字体"组中设置字体为"楷体"、字号为 10、填充颜色为"茶色",字体颜色为"黑色"。

④ 选择 B3:M10 单元格区域,并单击鼠标右键,在弹出的快捷菜单中选择"设置单元格格式"选项,在弹出的"设置单元格格式"对话框中单击"填充"选项卡,在"背景色"选项组中选择浅灰色。切换至"边框"选项卡,在"线条"选项组的"样式"列表中选择第 1 列第 4 种样式,在"预置"选项组中单击"内部"图标;在"样式"列表中选择第 2 列第 5 种样式,在"预置"选项组中单击"外边框"图标。

⑤ 单击"确定"按钮应用设置,效果如图 14-3 所示。

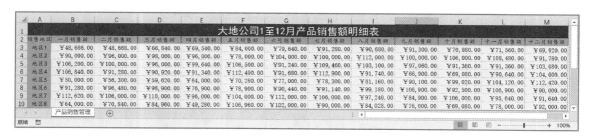

图 14-3 应用设置后的效果

2. 创建下拉菜单式图表

① 选择 A12 单元格,在其中输入数值 1,然后在 B12 单元格中输入公式"=INDEX(B3:B10, $A$12)",最后按 Enter 键确认公式的输入。

② 选择 B12 单元格,将鼠标指针移至该单元格右下方的填充柄上,当鼠标指针呈十字形状时,按住鼠标左键并向右拖动鼠标至 M12 单元格,释放鼠标后,相应的数值将自动填充单元格,如图 14-4 所示。

③ 选择 B2:M2、B12:M12 单元格区域,单击"插入"→"图表"组中的"柱形图"按钮,在弹出的选项板中选择"三维簇状柱形图"选项(第 2 行第 1 列),插入的图表效果如图 14-5 所示。

微误 14-2
创建下拉菜单
式图表

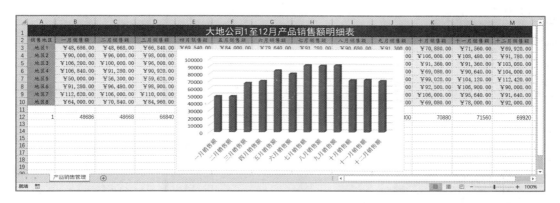

图 14-4　自动填充单元格

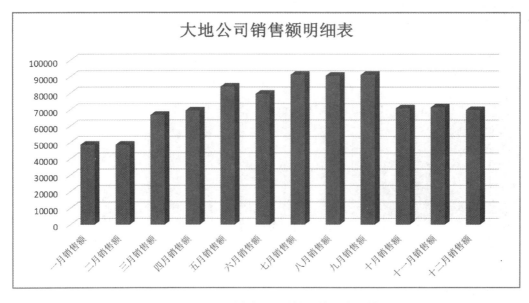

图 14-5　插入的图表

④ 选择图表，单击"图表工具-设计"→"添加图表元素"组中的"图表标题"按钮，在弹出的右侧菜单中选择"图表上方"选项，然后输入"大地公司销售额明细表"文字，并设置其字号为 20、颜色为蓝色。再单击"图表工具-设计"→"添加图表元素"组中的"图例"按钮，在弹出的右侧菜单中选择"无"选项，效果如图 14-6 所示。

图 14-6　设置图表标题和关闭图例后的图表

⑤ 单击"文件"→"选项"命令,弹出"Excel 选项"对话框,在其左侧列表中选择"自定义功能区"选项,在"自定义功能区"选项区中选中"开发工具"复选框(如图 14-7 所示),然后单击"确定"按钮关闭对话框,此时功能区中自动添加"开发工具"选项卡。

图 14-7 "Excel 选项"对话框

⑥ 选择"开发工具"→"控件"→"插入"→"表单控件"→"组合框(窗体控件)"命令(第 1 行第 2 列),然后在图表标题左侧拖曳鼠标,绘制一个组合框,如图 14-8 所示。

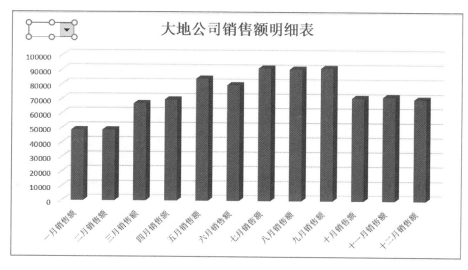

图 14-8 绘制组合框

⑦ 在组合框上单击鼠标右键，在弹出的快捷菜单中选择"设置控件格式"选项，再在弹出的"设置控件格式"对话框中选择"控制"选项卡，在"数据源区域"文本框中输入$A$3:$A$10，在"单元格链接"文本框中输入$A$12，如图 14-9 所示。

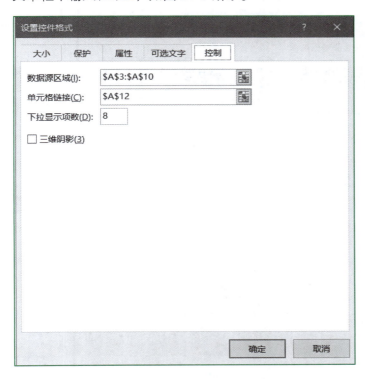

图 14-9 "设置控件格式"对话框

⑧ 单击"确定"按钮返回到工作表中，此时，单击组合框右侧的下拉按钮，在弹出的下拉列表中选择任何一个选项（即地区号），图表中将自动显示与之对应的各月产品销售明细数据，如图 14-1 所示。

14.2 使用 Word 创建"产品销售管理"报告

在使用 Excel 对大地高新公司产品销售数据进行处理与分析的基础上，需要形成报告上报有关部门，Word 是完成此任务的首选工具。为了使 Word 文档更加完善、明了，可以在 Word 中插入 Excel 图表、添加文本对象，使生成的 Word 报告内容更丰富，功能更完善。

14.2.1 任务描述

图 14-10 给出了"产品销售管理"报告的制作效果。

大地公司 1 至 12 月产品销售情况报告

一、产品销售额明细表

表 1 大地公司 1 至 12 月产品销售额明细表

大地公司 1 至 12 月产品销售额明细表											
销售 地区	一月销 售额	二月销 售额	三月销 售额	四月销 售额	五月销 售额	六月销 售额	七月销 售额	八月销 售额	九月销 售额	十月销 售额	十一月 销售额	十二月 销售额
地区 1	48686	48668	66840	69540	84000	79640	91280	90680	91300	70880	71560	69920
地区 2	90000	96000	98000	96000	78000	104000	100000	112000	100000	106000	108480	91780
地区 3	106200	100000	96000	99640	106500	109460	109460	103100	97060	91360	91360	103080
地区 4	106840	91280	90920	91340	112490	91680	112900	91740	66900	69080	90640	104000
地区 5	50000	56300	59620	64000	70280	77000	78300	81160	90100	99020	104120	112420
地区 6	91280	96480	98900	76900	78980	90440	91140	99180	106900	92500	106900	90000
地区 7	112620	106000	110000	96000	104000	112000	106000	97240	84900	106000	95640	91640
地区 8	64000	70840	84960	49280	106960	102000	90000	84028	76000	69080	78000	92000

二、产品销售额数据分析

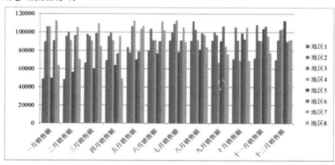

图 1 各地区分月销售额

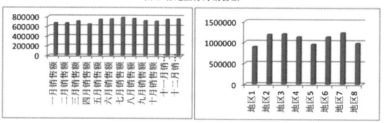

图 2 各月销售总额　　　　图 3 各地区销售总额

从图 2、图 3 中可以看出，7 月份产品销售总额最多，地区 7 产品销售情况最好。

大地有限责任公司销售部

2021-01-08

图 14-10 创建"产品销售管理"报告

14.2.2　任务实施

下面将详细介绍创建"产品销售管理"报告的方法。

1.　设置 Word 的文档属性

① 启动 Word 2016，新建一个空白文档。单击"布局"→"页面设置"组右下角的对话框启动器，打开"页面设置"对话框。选择"页边距"选项卡，在"页边距"选项区中设置"上""下""左"和"右"页边距值分别为 2.8 厘米、1.8 厘米、2.15 厘米和 2.15 厘米，在"纸张方向"选项区中单击"横向"图标，然后单击"确定"按钮应用页面设置。

② 在 Word 文档中，单击"插入"→"文本"组中的"对象"按钮，打开"对象"对话框。切换到"由文件创建"选项卡，单击"浏览"按钮，如图 14-11 所示。

图 14-11　单击"浏览"按钮

③ 弹出"浏览"对话框，从中选择如图 14-3 所示的"大地公司 1 至 12 月产品销售额明细表"的 Excel 文件。

④ 然后单击"插入"按钮，返回"对象"对话框。在"文件名"文本框中显示出要调用的 Excel 文件的路径和文件名，如图 14-12 所示。

⑤ 单击"确定"按钮，在 Word 文档中插入选择的 Excel 文件。

⑥ 为保证此表能在设置好的 A4 纸中完整展现，需进行适当调整。双击工作表区域切换到 Excel 状态，选定 B3:M10，在"开始"→"数字"组中将小数位数设置为整数，将"数字格式"由"货币"修改为"常规"，设置"字号"为 9；选定 A2:M2 与 A3:A10，在其快捷菜单中选择"设置单元格格式"命令，在弹出的"设置单元格格式"文本框中，切换到"对齐"选项卡，选择"自动换行"，最后单击"确定"按钮。适当调整表的大小及位置，效果如图 14-10 所示。单击 Excel 工作表以外的区域，可以退出 Excel 编辑状态，返回 Word 编辑状态。再将该文档保存为"'产品销售管理'报告.DOCX"。

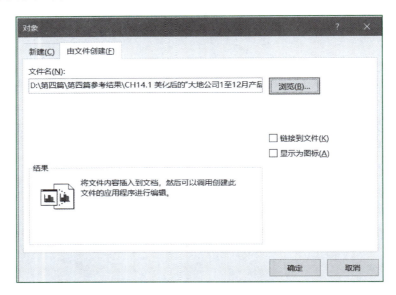

图 14-12　选择 Excel 文件后的"对象"对话框

2. 创建产品销售管理图表

① 在 Word 中，双击选择整个表格，在 Excel 中，按 Ctrl+C 组合键复制表格中的所有数据，然后将光标定位于一个空白行中，单击"插入"→"文本" 组中的 "对象"按钮，在弹出的"对象"对话框中单击"新建"选项卡，在"对象类型"列表框中选择"Microsoft Excel Chart"选项，如图 14-13 所示。

图 14-13　"对象"对话框

② 单击"确定"按钮应用设置，此时系统将自动在窗口中生成一个默认的图表对象。

③ 在生成的图表上双击鼠标左键，进入图表的编辑状态。单击工作表标签 Sheet1，切换到 Sheet1 工作表，按 Ctrl+V 组合键将复制的数据粘贴到该工作表中。

④ 切换到 Chart1 中,在图表的空白区域单击鼠标右键,在弹出的快捷菜单中选择"选择数据"命令,在弹出的"选择数据源"对话框的"图表数据区域"文本框右侧单击折叠按钮,然后选择 A1:Ml0 单元格区域。

⑤ 再次单击折叠按钮返回到"选择数据源"对话框中,在其中单击"切换行/列"按钮,如图 14-14 所示。

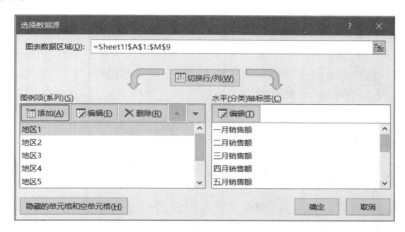

图 14-14 "选择数据源"对话框

⑥ 单击"确定"按钮应用设置,此时的图表如图 14-15 所示。此图表也可在 Excel 的相应工作表中制作后采用 Ctrl+C 组合键复制再 Ctrl+V 组合键粘贴的方式完成。

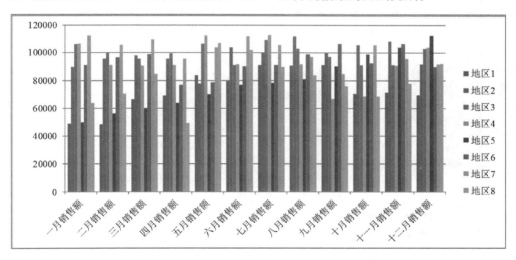

图 14-15 图表效果

⑦ 切换至 Excel,选择"大地公司 1 至 12 月产品销售额明细表",在 B11 单元格中输入公式"=SUM(B3:B10)"。最后按 Enter 键确认。选择 B11 单元格,将鼠标指针移至该单元格右下方的填充柄上,当鼠标指针呈十字形状时,按住鼠标左键并向右拖动鼠标至 M11 单元格,释放鼠标后,相应的数值将自动填充至单元格。选择 B2:M2、B11:M11 单元格区域,单击"插入"→"图表" 组中的"柱形图"按钮,在弹出的选项板中选择"三维簇状柱形图"选项(第

2 行第 1 列），插入图表。按 Ctrl+C 组合键复制图表，切换至 Word，按 Ctrl+V 组合键粘贴图表，并适当调整表的大小及位置（如图 14-10 中的图 2）。类似可得到图 14-10 中的图 3，最后将该文档保存。

3. 添加图表文字和图章

在"产品销售管理报告"文档中"大地公司 1 至 12 月产品销售额明细表"前，添加三行文字"大地公司 1 至 12 月产品销售情况报告""一、产品销售额明细表"和"表 1　大地公司 1 至 12 月产品销售额明细表"，在表 1 后添加"二、产品销售额数据分析"，在图 1 下面添加图名"图 1　各地区分月销售额"，在图 2、图 3 下面分别添加图名"图 2　各月销售总额"和"图 3　各地区销售总额"，最后再添加三行文字"从图 2、图 3 中可以看出，7 月份产品销售总额最多，地区 7 产品销售情况最好""大地有限责任公司销售部"和"2021-01-08"。再对添加的文字进行适当设置和美化（效果如图 14-10 所示），最后将该文档保存。

使用 1.2.2 节所介绍的方法添加如图 14-10 所示的图章。

14.3　使用 PowerPoint 创建"产品销售管理"演示文稿

图形具有形象、直观的特点，比数字更容易理解。把 Excel 图表制作成幻灯片在 PowerPoint 中演示，这样有利于报告人与听众之间的交流。

14.3.1　任务描述

图 14-16 给出了"产品销售管理"演示文稿的制作效果。

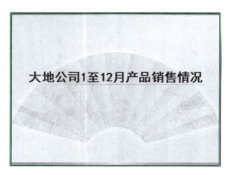

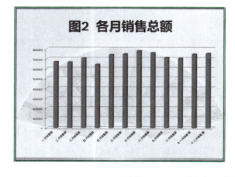
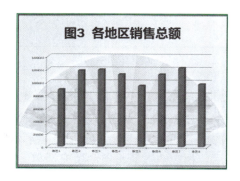

图 14-16　创建"产品销售管理"演示文稿

14.3.2　任务实施

① 启动 PowerPoint 2016，单击"文件"→"新建"命令，新建一演示文稿。

② 单击"开始"→"幻灯片"组中的"版式"按钮，在弹出的选项板中选择"标题幻灯片"版式。

③ 选择标题占位符，输入"大地公司 1 至 12 月产品销售情况"文字，然后设置其"字体"为"黑体"、"字号"为 44。

④ 按 Ctrl+M 组合键添加幻灯片，再打开"产品销售管理报告.DOCX"并选择图 1 的图名，按 Ctrl+C 组合键复制图名。切换至 PowerPoint，选择标题占位符，按 Ctrl+V 组合键粘贴图名，选定该图名文字，单击"开始"→"字体"组中的"加粗"按钮和"文字阴影"按钮。再在"添加文本"占位符处，输入文本"分地区显示各月产品销售图表"，然后选定该文本单击鼠标右键，在弹出的快捷菜单中选择"超链接"命令，弹出"插入超链接"对话框（如图 14-17 所示），查找到所需图表（图 14-1），单击"确定"即可，效果如图 14-16 所示。

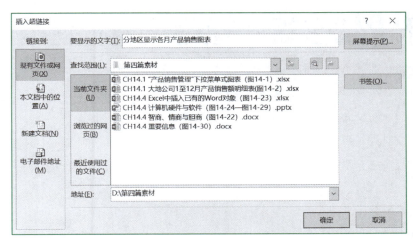

图 14-17　"插入超链接"对话框

⑤ 按 Ctrl+M 组合键添加幻灯片，再切换至 Word 程序中并选择图 2，按 Ctrl+C 组合键复制图表。切换至 PowerPoint 程序中，按 Ctrl+V 组合键粘贴图表，并适当调整图表的大小及位置。类似粘贴图 2 的图名，选定该图名文字，单击"开始"→"字体"组中的"加粗"按钮和"文字阴影"按钮，效果如图 14-16 所示。

⑥ 仿操作步骤（4）完成第 4 张幻灯片的制作。

⑦ 单击"视图"→"演示文稿视图"组中的"幻灯片浏览"按钮，选定全部幻灯片，再选择"设计"→"主题"组中的"暗香扑面"选项，对演示文稿进行适当修饰，并将其保存为"产品销售管理.pptx"。

14.4　相关知识 ▼

前面用"产品销售管理"案例对 Word、Excel 和 PowerPoint 之间的综合应用进行了介绍，下面补充介绍三者间资源共享和相互调用的相关知识。

14.4.1　Word 与 Excel 之间的资源共享和相互调用

在 Word 和 Excel 之间可以交互数据和信息，主要形式包括在 Word 中创建 Excel 工作表、在 Word 中调用 Excel 文件、在 Word 中调用 Excel 部分资源，还可以在 Excel 中将 Word 表格行列互换等。下面主要讨论在 Word 中创建 Excel 工作表和在 Excel 中调用 Word 文档，其他内容在本章前述案例中已介绍，此处不再重复。

1. 在 Word 中创建 Excel 工作表

微课 14-3
在 Word 中
创建 Excel
工作表

在 Word 中创建 Excel 工作表，并能像在 Excel 中那样编辑。具体操作步骤如下。

① 新建一个 Word 文档，单击"插入"→"文本"组中的"对象"按钮。

② 弹出"对象"对话框（如图 14-13 所示），在"对象类型"列表框中选择"Microsoft Excel Chart"选项，可插入由 Excel 2016 创建的工作表。

③ 单击"确定"按钮，将在 Word 文档中插入一个 Excel 工作表，如图 14-18 所示。

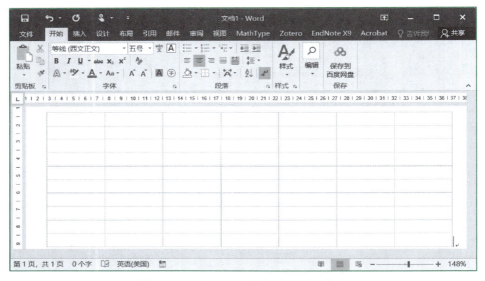

图 14-18　在 Word 中插入 Excel 工作表

④ 双击工作表区域，便可像在 Excel 中那样，对 Word 中插入的工作表进行编辑，并且功能区中的选项卡将变为 Excel 中的选项卡，如图 14-19 所示。单击 Excel 工作表以外的区域，可以退出 Excel 编辑状态，返回 Word 编辑状态。

2. 在 Excel 中调用 Word 文档

如果在 Excel 中创建电子表格时，需要用到 Word 中的文档，可以通过插入方式调用整个 Word 文档。插入对象时，可以插入新建的对象，也可以插入已有的对象。下面分别进行介绍。

（1）插入新建对象

插入新建对象时，对象没有任何内容，需要对其进行编辑，操作步骤如下：

① 在 Excel 工作表中将光标移至要插入对象的位置，然后单击"插入"→"文本"选项卡中的"对象"按钮，弹出"对象"对话框，切换到"新建"选项卡，在"对象类型"列表框中

选择 "Microsoft Word Document" 选项,最后单击 "确定" 按钮,如图 14-20 所示。

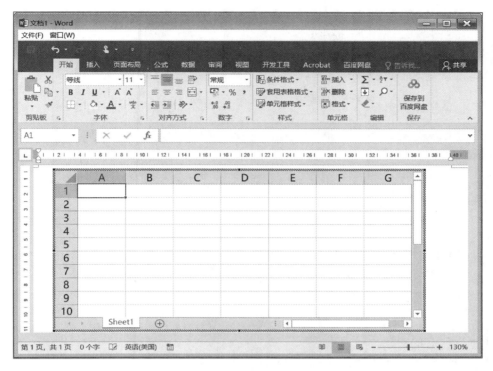

图 14-19　在 Word 中编辑 Excel 工作表

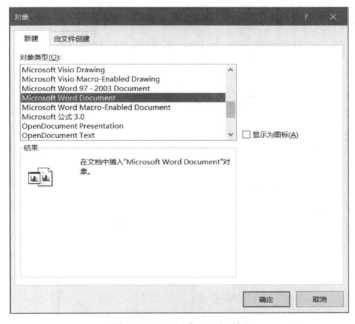

图 14-20　"对象" 对话框

② 这时,在 Excel 工作表中以对象方式插入一个空白的 Word 文档,同时窗口中的功能区

变为 Word 的功能区, 如图 14-21 所示, 可以方便地在 Excel 中编辑 Word 文档。

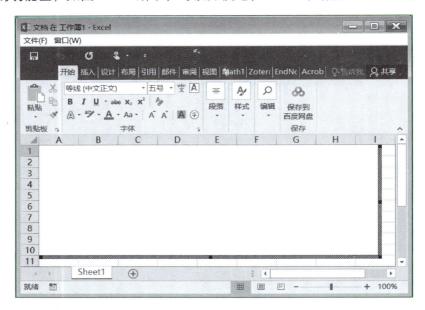

图 14-21 在 Excel 中插入新建 Word 对象

（2）插入已有的对象

插入已有对象时, 可以很好地利用现有的资源, 不必重复工作, 操作步骤如下：

① 打开"对象"对话框（如图 14-20）, 切换到"由文件创建"选项卡; 然后在"文件名"文本框中输入已有的 Word 文档的保存路径及文件名, 最简单的方法是通过"浏览"按钮进行查找, 如图 14-22 所示。

图 14-22 "对象"对话框"由文件创建"选项卡

② 最后单击"确定"按钮。其效果如图 14-23 所示。

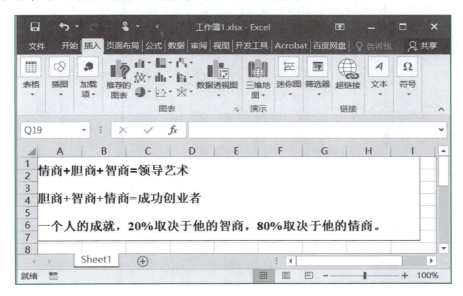

图 14-23　在 Excel 中插入已有的 Word 对象

插入已有的 Word 文档后，系统不会自动进入编辑状态。若要修改插入的对象，需要在该对象上单击鼠标右键，在弹出的快捷菜单中选择"文档对象"→"编辑"命令，就可以进入编辑状态了。

14.4.2　Word 与 PowerPoint 之间的资源共享和相互调用

在 Word 和 PowerPoint 之间可以交互数据和信息，主要形式包括在 Word 中调用 PowerPoint 演示文稿、在 Word 中调用单张幻灯片，还可以将 PowerPoint 演示文稿转换为 Word 文档、在 PowerPoint 中超链接到 Word 文档。

1. 在 Word 中调用 PowerPoint 演示文稿

可以将整个 PowerPoint 演示文稿插入到 Word 中，与在 PowerPoint 中一样，可在 Word 中对插入的演示文稿进行编辑及放映操作。在 Word 中调用 PowerPoint 演示文稿的具体操作步骤如下。

① 新建一个 Word 文档，单击"插入"→"文本"组中的"对象"按钮。

② 在弹出的"对象"对话框中，选中"由文件创建"选项卡，然后单击"浏览"按钮。

③ 在弹出的"浏览"对话框中，选择要插入到 Word 中的 PowerPoint 演示文稿。

④ 单击"插入"按钮，返回到"对象"对话框，在"文件名"文本框中显示要调用的 PowerPoint 演示文稿的路径和文件名，并勾选右侧的"链接到文件"复选框，参考图 14-22。

⑤ 单击"确定"按钮后，将在 Word 文档中插入选择的 PowerPoint 演示文稿，如图 14-24 所示。

⑥ 若要编辑该演示文稿，可右键单击 Word 文档中的演示文稿，在弹出的快捷菜单中选择"链接到 Presentation 对象"→"编辑链接"命令。切换到演示文稿编辑状态，对演示文稿进行相应的编辑操作，如图 14-25 所示。

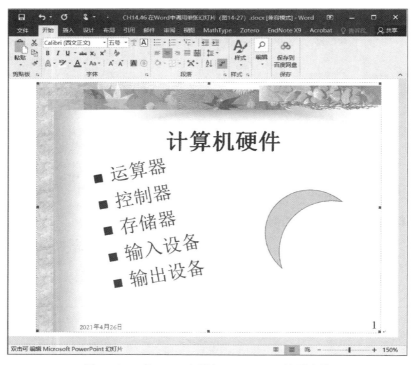

图 14-24　在 Word 中插入 PowerPoint 演示文稿

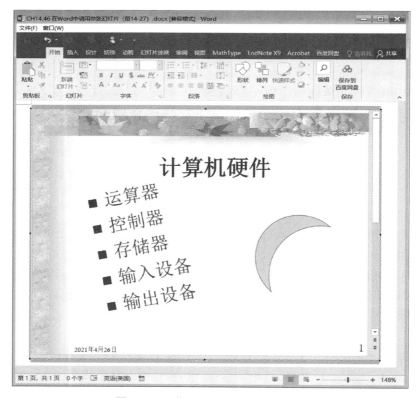

图 14-25　进入 PowerPoint 编辑状态

⑦ 如要播放演示文稿，可右键单击演示文稿，在弹出的快捷菜单中选择"链接到 Presentation 对象"→"显示链接"命令。

2. 在 Word 中调用单张幻灯片

有时，并不需要在 Word 文档中调用整个演示文稿，而只需插入某一张幻灯片。这时可以使用复制和粘贴操作完成。在 Word 中调用单张幻灯片的具体操作步骤如下。

① 打开要调用的 PowerPoint 演示文稿，单击"状态栏"中的"幻灯片浏览"按钮。

② 切换到幻灯片浏览视图，如图 14-26 所示。右键单击要插入到 Word 中的幻灯片，在弹出的快捷菜单中选择"复制"命令。

图 14-26　幻灯片浏览视图

③ 切换到 Word 窗口，单击"开始"→"剪贴板" 组中的 "粘贴"按钮，在弹出的下拉菜单中选择"选择性粘贴"命令。

④ 弹出"选择性粘贴"对话框，选中"粘贴"单选按钮，在"形式"列表框中选择"Microsoft PowerPoint 幻灯片对象"选项，如图 14-27 所示。

⑤ 单击"确定"按钮，在 Word 文档中插入所选择的单张幻灯片。可以编辑单张幻灯片，但是无法进行播放。

3. 将 PowerPoint 演示文稿转换为 Word 文档

可以将 PowerPoint 演示文稿转换为 Word 文档。具体操作步骤如下。

① 打开要转换的 PowerPoint 演示文稿，单击"文件"→"导出"→"创建讲义"→"创建"命令。

② 在弹出的"发送到 Microsoft Office Word"对话框中，选中"只使用大纲"单选按钮，如图 14-28 所示。

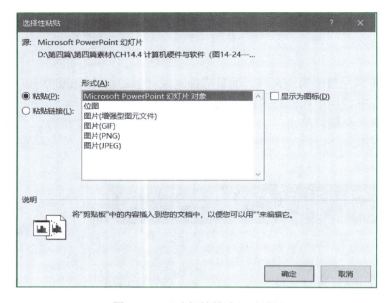

图 14-27 "选择性粘贴"对话框

图 14-28 "发送到 Microsoft Office Word"对话框

③ 单击"确定"按钮，将 PowerPoint 演示文稿转换为 Word 文档，如图 14-29 所示。

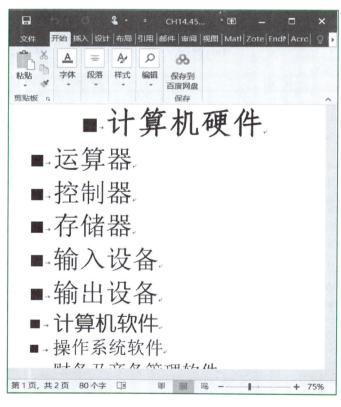

图 14-29 将 PowerPoint 演示文稿转换为 Word 文档

4. 在 PowerPoint 中超链接到 Word 文档

有时需要在 PowerPoint 中超链接到重要的 Word 文档，具体操作步骤如下：

① 打开 PowerPoint 演示文稿，选择编辑区中要设置超链接的内容（如图 14-30）。单击"插入"→"链接"组中的"超链接"按钮。弹出"插入超链接"对话框。

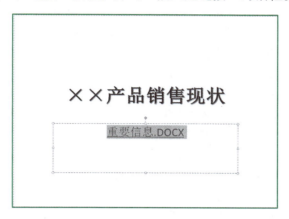

图 14-30　在 PowerPoint 中超链接 Word 文档的效果

② 在"查找范围"下拉列表中找到要插入的对象，如图 14-31 所示。

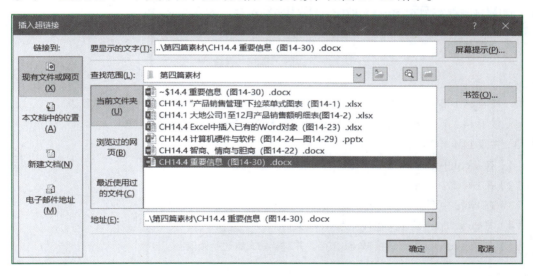

图 14-31　"插入超链接"对话框

③ 单击"确定"按钮即可，其效果如图 14-30 所示。

14.4.3　Excel 与 PowerPoint 之间的资源共享和相互调用

在 Excel 和 PowerPoint 之间可以交互数据和信息，主要形式包括在 PowerPoint 中调用 Excel 工作表和在 PowerPoint 中调用 Excel 图表。相关内容在本章前面案例中已介绍，此处不再重复。

本 章 小 结

在办公软件的日常使用中，经常会对 Word、Excel 和 PowerPoint 之间的资源进行共享和相互调用。本章以"产品销售管理"为案例，综合利用各软件之所长，协同工作，有效地提高了工作效率和质量。本章还介绍了 Office 各个组件间快速调用的相关知识。

本章共介绍了四种方法，分别是复制和粘贴对象、链接和嵌入对象、插入对象和创建超链接。这四种方法都可以实现 Word、Excel、PowerPoint 之间的资源共享，可以根据需要选择其中的一种或几种方法进行资源共享。

在调用资源时，需要注意链接对象和嵌入对象二者的差别。使用链接对象方式时，如果修改源文件，在目标文件中会自动更新数据。链接数据存储在源文件中，目标文件只存储源文件的位置，占用的磁盘空间较少。而使用嵌入对象方式时，如果修改源文件数据，则目标文件中的信息不会自动更新。嵌入的对象会成为目标文件的一部分，并且在插入后不再是源文件的组成部分。

在 Office 2016 的不同组件间复制与粘贴文本或表格等对象时，系统会尽量保持其原来的格式，但一些组件特有的格式会丢失，如表格的底纹、单元格的内部边距和文字环绕方式等，因此在复制格式简单或不需要保持原格式的内容时才使用此方法。

如果读者在学习和使用 Office 的过程中遇到困难，请参考相关专著或利用网络进行查询。

习 题 14

1. 按照 14.1 节介绍的方法，创建如图 14-1 所示的"'产品销售管理'下拉菜单式图表"。
2. 按照 14.2 节介绍的方法，创建如图 14-10 所示的"产品销售管理"报告。
3. 按照 14.4 节介绍的方法，尝试以下操作：
（1）在 Word 中创建 Excel 工作表。
（2）在 Excel 中调用 Word 文档。
（3）在 Word 中调用 PowerPoint 演示文稿。
（4）将 PowerPoint 演示文稿转换为 Word 文档。
（5）在 PowerPoint 中超链接 Word 文档，并对链接文本进行修改。

习题参考
答案

参考文献

[1] 陈遵德. Office 2010 高级应用案例教程[M]. 北京：高等教育出版社，2014.

[2] 教育部考试中心. 全国计算机等级考试二级 MS Office 高级应用与设计考试大纲（2021 年版）[EB/OL]. [2021-07-27]. http://www.hqwx.com/web_news/html/2020-12/16081737795226.html.

[3] 陈遵德，张全中. 计算机应用基础案例教程（Windows 7 + MS Office 2010）[M]. 成都：电子科技大学出版社，2013.

[4] 陈遵德. Office 2007 高级应用案例教程[M]. 北京：高等教育出版社，2010.

[5] 卞诚君，苏婵. 完全掌握 Excel 2016 高效办公[M]. 北京：机械工业出版社，2016.

[6] 张应梅. Office 2016 办公应用从入门到精通[M]. 北京：电子工业出版社，2017.

[7] 许晞，刘艳丽，聂哲. 计算机应用基础（第 3 版）[M]. 北京：高等教育出版社，2013.

[8] 伍云辉. Excel 也可以很好玩（职场故事版）[M]. 北京：电子工业出版社，2012.

[9] 恒盛杰资讯. Office 2010 从入门到精通[M]. 北京：科学出版社，2011.

[10] 神龙工作室. PowerPoint 2007 公司办公入门与提高[M]. 北京：人民邮电出版社，2008.

[11] 胡欣杰，路川，侯奎宇. 中文版 Office2007 宝典[M]. 北京：电子工业出版社，2007.

[12] 科教工作室. Office 2007 综合应用[M]. 北京：清华大学出版社，2008.

[13] 范国楔. 办公自动化教程[M]. 北京：清华大学出版社，2008.

[14] 贲春雨，李芳，马继汉. Office 2003 办公应用[M]. 北京：人民邮电出版社，2006.